초등
수학

한 권으로

KB116378

끝

※ 검토해 주신 분들

최현지 선생님 (서울 자곡초등학교)
서채은 선생님 (EBS 수학 강사)
이소연 선생님 (L MATH 학원 원장)

한 권으로 초등수학 서술형 끝 4

지은이 나소은·넥서스수학교육연구소
펴낸이 임상진
펴낸곳 (주)넥서스

초판 1쇄 발행 2020년 5월 04일
초판 2쇄 발행 2020년 5월 11일

출판신고 1992년 4월 3일 제311-2002-2호
10880 경기도 파주시 지목로 5
Tel (02)330-5500 Fax (02)330-5555

ISBN 979-11-6165-873-5 64410
        979-11-6165-869-8 (SET)

www.nexusbook.com
www.nexusEDU.kr/math

생각대로 술술 풀리는

#교과연계 #창의수학 #사고력수학 #스토리텔링

초등
수학

한 권으로
서술형
끝

나소은 · 넥서스수학교육연구소 지음

4

초등수학
2-2 과정

넥서스에듀

〈한 권으로 서술형 끝〉으로 끊임없는 나의 고민도 끝!

문제를 제대로 읽고 답을 했다고 생각했는데, 쓰다 보니 자꾸만 엉뚱한 답을 하게 돼요.

문제에서 어떠한 정보를 주고 있는지, 최종적으로 무엇을 구해야 하는지 정확하게 파악하는 단계별 훈련이 필요해요.

독서량은 많지만 논리 정연하게 답을 정리하기가 힘들어요.

독서를 통해 어휘력과 문장 이해력을 키웠다면, 생각을 직접 글로 써보는 연습을 해야 해요.

서술형 답을 어떤 것부터 써야 할지 모르겠어요.

문제에서 구하라는 것을 찾기 위해 어떤 조건을 이용하면 될지 짝을 지으면서 "A이므로 B임을 알 수 있다."의 서술 방식을 이용하면 답안 작성의 기본을 익힐 수 있어요.

시험에서 부분 점수를 자꾸 깎이는데요, 어떻게 해야 할까요?

직접 쓴 답안에서 어떤 문장을 꼭 써야 할지, 정답지에서 제공하고 있는 '채점 기준표'를 이용해서 꼼꼼하게 만점 맞기 훈련을 할 수 있어요. 만점은 물론, 창의력 + 사고력 향상도 기대하세요!

왜 〈한 권으로 서술형 끝〉으로
공부해야 할까요?

서술형 문제는 종합적인 사고 능력을 키우는 데 큰 역할을 합니다. 또한 배운 내용을 총체적으로 검증할 수 있는 유형으로 논리적 사고, 창의력, 표현력 등을 키울 수 있어 많은 선생님들이 학교 시험에서 다양한 서술형 문제를 통해 아이들을 훈련하고 계십니다. 부모님이나 선생님들을 위한 강의를 하다 보면, 학교에서 제일 어려운 시험이 서술형 평가라고 합니다. 어디서부터 어떻게 가르쳐야 할지, 논리력, 사고력과 연결되는 서술형은 어떤 책으로 시작해야 하는지 추천해 달라고 하십니다.

서술형 문제는 창의력과 사고력을 근간으로 만들어진 문제여서 아이들이 스스로 생각해보고 직접 문제에 대한 답을 찾아나갈 수 있는 과정을 훈련하도록 해야 합니다. 서술형 학습 훈련은 먼저 문제를 잘 읽고, 무엇을 풀이 과정 및 답으로 써야 하는지 이해하는 것이 핵심입니다. 그렇다면, 문제도 읽기 전에 힘들어하는 아이들을 위해, 서술형 문제를 완벽하게 풀 수 있도록 훈련하는 학습 과정에는 어떤 것이 있을까요?

문제에서 주어진 정보를 이해하고 단계별로 문제 풀이 및 답을 찾아가는 과정이 필요합니다.
먼저 주어진 정보를 찾고, 그 정보를 이용하여 수학 규칙이나 연산을 활용하여 답을 구해야 합니다.
서술형은 글로 직접 문제 풀이를 써내려 가면서 수학 개념을 이해하고 있는지 잘 정리하는 것이 핵심이어서 주어진 정보를 제대로 찾아 이해하는 것이 가장 중요합니다.

서술형 문제도 단계별로 훈련할 수 있음을 명심하세요! 이러한 과정을 손쉽게 해결할 수 있도록 교과서 내용을 연계하여 집필하였습니다. 자, 그럼 "한 권으로 서술형 끝" 시리즈를 통해 아이들의 창의력 및 사고력 향상을 위해 시작해 볼까요?

EBS 초등수학 강사 **나소은**

나소은 선생님 소개

- ◎ (주)아이눈 에듀 대표
- ◎ EBS 초등수학 강사
- ◎ 좋은책신사고 쎈닷컴 강사
- ◎ 아이스크림 홈런 수학 강사
- ◎ 천재교육 밀크티 초등 강사

- ◎ 교원, 대교, 푸르넷, 에듀왕 수학 강사
- ◎ Qook TV 초등 강사
- ◎ 방과후교육연구소 수학과 책임
- ◎ 행복한 학교(재) 수학과 책임
- ◎ 여성능력개발원 수학지도사 책임 강사

구성 및 특징

초등수학 서술형의 끝을 향해
여행을 떠나볼까요?

STEP 1 대표 문제 맛보기

핵심유형 1 ☆ 네 자리 수

STEP 1 대표 문제 보기

명선이는 마트에서 천 원짜리 지폐 4장과 백 원짜리 동전 6개, 십 원짜리 동전 5개를 냈습니다. 명선이가 낸 돈은 모두 얼마인지 풀이 과정을 쓰고, 답을 구하세요.

1단계 알고 있는 것 : 천 원짜리 지폐의 수 : ☐ 장
백 원짜리 동전의 수 : ☐ 개
십 원짜리 동전의 수 : ☐ 개

2단계 구하려는 것 : 명선이가 ☐ 에서 낸 돈은 모두 얼마인지 구하려고 합니다.

3단계 문제 해결 방법 : 천 원짜리 지폐 ☐ 장, 백 원짜리 동전 ☐ 개, 십 원짜리 동전 ☐ 개는 각각 얼마인지 알아봅니다.

4단계 문제 풀이 과정 : 천 원짜리 지폐가 4장이면 ☐ 원, 백 원짜리 동전이 6개이면 ☐ 원, 십 원짜리 동전이 5개이면 ☐ 원이므로 ☐ 원입니다.

5단계 구하려는 답 : 따라서 명선이가 낸 돈은 모두 ☐ 원입니다.

12

처음이니까 서술형 답을
어떻게 쓰는지 5단계로
정리해서 알려줄게요!
교과서에 수록된 핵심
유형을 맛볼 수 있어요.

STEP 2 따라 풀어보기

STEP 2 따라 풀어보기

정우는 저금통에 천 원짜리 지폐 8장, 백 원짜리 동전 9개, 십 원짜리 동전 3개를 모았습니다. 정우가 모은 돈은 모두 얼마인지 풀이 과정을 쓰고, 답을 구하세요.

1단계 알고 있는 것 : 천 원짜리 지폐의 수 : ☐ 장
백 원짜리 동전의 수 : ☐ 개
십 원짜리 동전의 수 : ☐ 개

2단계 구하려는 것 : 정우가 ☐ 에 모은 돈은 모두 얼마인지 구하려고 합니다.

3단계 문제 해결 방법 : 천 원짜리 지폐 ☐ 장, 백 원짜리 동전 ☐ 개, 십 원짜리 동전 ☐ 개는 각각 얼마인지 알아봅니다.

4단계 문제 풀이 과정 : 천 원짜리 지폐가 8장이면 ☐ 원, 백 원짜리 동전 9개이면 ☐ 원, 십 원짜리 동전 3개이면 ☐ 원이므로 ☐ 원입니다.

5단계 구하려는 답 :

톡톡 네 자리 수

☞ 1000이 □개, 100이 □개, 10이 □개, 1이 □개이면 □입니다.

'Step1'과 유사한 문제를
따라 풀어보면서 다시 한
번 익힐 수 있어요!

1. 네 자리 수 • 13

STEP 3 스스로 풀어보기

STEP 3 스스로 풀어보기

1. 1000이 5개, 100이 29개, 10이 8개, 1이 3개인 수는 무엇인지 풀이 과정을 쓰고, 답을 구하세요.

100이 29개인 수는 ☐ 이고 ☐ 은 1000이 ☐ 개, 100이 ☐ 개인 수입니다. 따라서 1000이 5개, 100이 29개, 10이 8개, 1이 3개인 수는 1000이 ☐ 개, 100이 ☐ 개, 10이 ☐ 개, 1이 ☐ 개인 수로 ☐ 입니다.

답

2. 1000이 4개, 100이 3개, 10이 36개, 1이 7개인 수는 무엇인지 풀이 과정을 쓰고, 답을 구하세요.

답

14

앞에서 학습한 핵심 유형을
생각하며 다시 연습해보고,
쌍둥이 문제로 따라 풀어보
세요! 서술형 문제를 술술
생각대로 풀 수 있답니다.

실력 다지기

창의 융합, 생활 수학, 스토리텔링, 유형 복합 문제 수록!

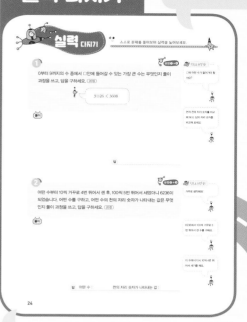

이제 실전이에요. 새 교육과정의 핵심인 '융합 인재 교육'에 알맞게 창의력, 사고력 문제들을 풀며 실력을 탄탄하게 다져보세요!

➕ 추가 콘텐츠

www.nexusEDU.kr/math

단원을 마무리하기 전에 넥서스에듀 홈페이지 및 QR코드를 통해 제공하는 '스페셜 유형'과 다양한 '추가 문제'로 부족한 부분을 보충하고 배운 것을 추가적으로 복습할 수 있어요.
또한, '무료 동영상 강의'를 통해 교과와 연계된 개념 정리와 해설 강의를 들을 수 있어요.

동영상 강의
추가 문제

QR코드를 찍으면 동영상 강의를 들을 수 있어요.

나만의 문제 만들기

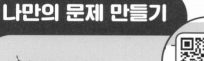

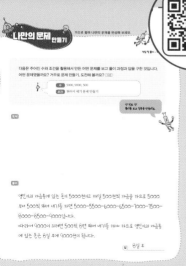

서술형 문제를 거꾸로 풀어 보면 개념을 잘 이해했는지 확인할 수 있어요! '나만의 문제 만들기'를 풀면서 최종 실력을 체크하는 시간을 가져보세요!

정답 및 해설

자세한 답안과 단계별 부분 점수를 보고 채점해보세요! 어떤 부분이 부족한지 정확하게 파악하여 사고력, 논리력을 키울 수 있어요!

차례

5
표와 그래프

6
규칙 찾기

💡 **정답 및 풀이**　채점 기준표가 들어 있어요!

1. 네 자리 수

STEP 1 대표 문제 맛보기

> 명선이는 마트에서 천 원짜리 지폐 4장과 백 원짜리 동전 6개, 십 원짜리 동전 5개를 냈습니다. 명선이가 낸 돈은 모두 얼마인지 풀이 과정을 쓰고, 답을 구하세요. 8점

1단계 알고 있는 것 1점

천 원짜리 지폐의 수 : ☐ 장

백 원짜리 동전의 수 : ☐ 개

십 원짜리 동전의 수 : ☐ 개

2단계 구하려는 것 1점

명선이가 ☐ 에서 낸 돈은 모두 얼마인지 구하려고 합니다.

3단계 문제 해결 방법 2점

천 원짜리 지폐 ☐ 장, 백 원짜리 동전 ☐ 개, 십 원짜리 동전

☐ 개는 각각 얼마인지 알아봅니다.

4단계 문제 풀이 과정 3점

천 원짜리 지폐가 4장이면 ☐ 원, 백 원짜리 동전이

6개이면 ☐ 원, 십 원짜리 동전이 5개이면 ☐ 원이므로

☐ 원입니다.

5단계 구하려는 답 1점

따라서 명선이가 낸 돈은 모두 ☐ 원입니다.

STEP 2 따라 풀어보기 ☆

정우는 저금통에 천 원짜리 지폐 8장, 백 원짜리 동전 9개. 십 원짜리 동전 3개를 모았습니다. 정우가 모은 돈은 모두 얼마인지 풀이 과정을 쓰고, 답을 구하세요. (9점)

1단계 알고 있는 것 (1점)

천 원짜리 지폐의 수 : ☐ 장

백 원짜리 동전의 수 : ☐ 개

십 원짜리 동전의 수 : ☐ 개

2단계 구하려는 것 (1점)

정우가 ☐ 에 모은 돈은 모두 얼마인지 구하려고 합니다.

3단계 문제 해결 방법 (2점)

천 원짜리 지폐 ☐ 장, 백 원짜리 동전 ☐ 개, 십 원짜리 동전

☐ 개는 각각 얼마인지 알아봅니다.

4단계 문제 풀이 과정 (3점)

천 원짜리 지폐가 8장이면 ☐ 원, 백 원짜리 동전 9개이면

☐ 원, 십 원짜리 동전 3개이면 ☐ 원이므로

☐ 원입니다.

5단계 구하려는 답 (2점)

───────────────

🔖 네 자리 수

☆ 1000이 2개, 100이 4개, 10이 3개, 1이 6개이면 2436입니다.

☆ 2436은 이천사백삼십육이라고 읽습니다.

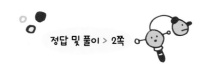

STEP 3 스스로 풀어보기

1. 1000이 5개, 100이 29개, 10이 8개, 1이 3개인 수는 무엇인지 풀이 과정을 쓰고, 답을 구하세요. 10점

풀이

100이 29개인 수는 ☐ 이고 ☐ 은 1000이 ☐ 개, 100이 ☐ 개인

수입니다. 따라서 1000이 5개, 100이 29개, 10이 8개, 1이 3개인 수는 1000이 ☐ 개,

100이 ☐ 개, 10이 ☐ 개, 1이 ☐ 개인 수로 ☐ 입니다.

답 _____

2. 1000이 4개, 100이 3개, 100이 36개, 1이 7개인 수는 무엇인지 풀이 과정을 쓰고, 답을 구하세요. 15점

풀이

답 _____

STEP 1 대표 문제 맛보기

수 카드 4장을 한 번씩만 사용하여 네 자리 수를 만들어 천의 자리 숫자가 5, 백의 자리 숫자가 7인 네 자리 수를 모두 구하려고 합니다. 풀이 과정을 쓰고, 답을 구하세요. (8점)

| 3 | 5 | 7 | 9 |

1단계 알고 있는 것 (1점)

천의 자리 숫자 : ☐   백의 자리 숫자 : ☐

나머지 카드의 수 : ☐ , ☐

2단계 구하려는 것 (1점)

천의 자리 숫자가 ☐ , 백의 자리 숫자가 ☐ 인 ☐ 자리 수를

모두 구하려고 합니다.

3단계 문제 해결 방법 (2점)

천의 자리 숫자가 ☐ , 백의 자리 숫자가 ☐ 인 네 자리 수를

57☐☐로 나타내고 3과 9를 ☐ 의 자리와 일의 자리에 넣어 해결합니다.

4단계 문제 풀이 과정 (3점)

천의 자리 숫자가 ☐ , 백의 자리 숫자가 ☐ 인 네 자리 수를

57☐☐ 라 하면, 나머지 수 카드 ☐ 과 9를 ☐ 의 자리와 일의 자리에

넣어 만들 수 있는 네 자리 수는 ☐ , ☐ 입니다.

5단계 구하려는 답 (1점)

따라서 천의 자리 숫자가 5, 백의 자리 숫자가 7인 네 자리 수를 모두

구하면 ☐ 와 ☐ 입니다.

천의 자리 숫자가 일의 자리 숫자보다 작은 수는 모두 몇 개인지 풀이 과정을 쓰고, 답을 구하세요. (9점)

| 2684 | 8096 | 3283 |
| 4647 | 5927 | 5872 |

1단계 알고 있는 것 (1점)

네 자리 수 : 2684, 8096, 3283, ☐, ☐, ☐

2단계 구하려는 것 (1점)

☐의 자리 숫자가 일의 자리 숫자보다 (큰 , 작은) 수는 모두 몇 개인지 구하려고 합니다.

3단계 문제 해결 방법 (2점)

각 수의 ☐의 자리 숫자와 일의 자리 숫자를 비교하여 해결합니다.

4단계 문제 풀이 과정 (3점)

각 수의 ☐의 자리 숫자와 일의 자리 숫자를 비교하면
2684는 2 < 4이고, 8096은 8 ☐ 6, 3283은 3=3,
4647은 4 ☐ 7, 5927은 5 ☐ 7, 5872는 5 ☐ 2입니다.
☐의 자리 숫자가 일의 자리 숫자보다 작은 수는 ☐,
4647, ☐ 입니다.

5단계 구하려는 답 (2점)

STEP 3 스스로 풀어보기

 유형 ❷

1. 다음 수 중에서 숫자 7이 나타내는 값이 가장 작은 수는 무엇인지 풀이 과정을 쓰고, 답을 구하세요. [10점]

4876   2795   7523

풀이

4876에서 숫자 7은 십의 자리 숫자이므로 [   ] 을 나타내고, 2795에서 숫자 7은 백의

자리 숫자이므로 [   ] 을 나타내며, 7523에서 숫자 7은 천의 자리 숫자이므로

[   ] 을 나타냅니다. 70 < 700 < 7000이므로 숫자 7이 나타내는 값이 가장

작은 수는 [   ] 입니다.

답 _____

2. 다음 수 중에서 숫자 3이 나타내는 값이 가장 큰 수는 무엇인지 풀이 과정을 쓰고, 답을 구하세요. [15점]

5632   1389   3262   8723

풀이

답 _____

 ☆ 뛰어서 세기

STEP 1 대표 문제 맛보기

수호는 심부름을 할 때마다 용돈을 1000원씩 받습니다. 수호가 심부름을 7번 하여 받는 용돈은 얼마인지 풀이 과정을 쓰고, 답을 구하세요. (8점)

1단계 알고 있는 것 (1점)

수호가 심부름 할 때마다 받는 용돈 : ☐ 원

수호가 심부름 한 횟수 : ☐ 번

2단계 구하려는 것 (1점)

수호가 ☐ 을 ☐ 번 하여 받는 용돈은 얼마인지 구하려고 합니다.

3단계 문제 해결 방법 (2점)

1000씩 7번 뛰어서 세기를 하여 해결합니다. ☐ 씩 뛰어서 세기를 하면 천의 자리 숫자가 ☐ 씩 커집니다.

4단계 문제 풀이 과정 (3점)

심부름을 한 번 할 때마다 1000원씩 받으므로 1000씩 7번 뛰어서 세기를 합니다.

1000씩 뛰어서 세기를 하면 천의 자리 숫자가 1씩 커지므로

0 − 1000 − ☐ − ☐ − 4000 − ☐

− 6000 − ☐ 입니다.

5단계 구하려는 답 (1점)

따라서 수호가 7번 심부름을 해서 받는 용돈은 ☐ 원입니다.

18

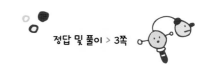

STEP 2 따라 풀어보기 ☆

천의 자리 숫자가 4, 백의 자리 숫자가 2, 십의 자리 숫자가 7, 일의 자리 숫자가 9인
네 자리 수가 있습니다. 이 수부터 1000씩 4번 뛰어서 센 수는 무엇인지 풀이 과정을
쓰고, 답을 구하세요. (9점)

1단계 알고 있는 것 (1점) 천의 자리 숫자가 ☐, 백의 자리 숫자가 ☐, 십의 자리 숫자가
☐, 일의 자리 숫자가 ☐인 네 자리 수

2단계 구하려는 것 (1점) 지민이의 이야기를 듣고 나타내는 네 자리 수부터 ☐씩
☐번 뛰어서 센 수는 무엇인지 구하려고 합니다.

3단계 문제 해결 방법 (2점) 네 자리 수를 먼저 구하고 그 수부터 ☐씩 ☐번 뛰어서
세기를 하여 해결합니다.

4단계 문제 풀이 과정 (3점) 천의 자리 숫자가 ☐, 백의 자리 숫자가 ☐, 십의 자리 숫자가
☐, 일의 자리 숫자가 ☐인 네 자리 수는 ☐ 입니다.
☐ 부터 1000씩 ☐번 뛰어서 세기를 합니다. 1000씩
뛰어서 세기를 하면 천의 자리 숫자가 ☐씩 커지므로 4279-
☐ -6279- ☐ - ☐ 입니다.

5단계 구하려는 답 (2점)

📌 뛰어서 세기

123 이것만 알면 문제 해결 OK!

☆ 1000씩 뛰어서 세기: 천의 자리 숫자가 1씩 커져요.
4320-5320-6320-7320-8320

☆ 100씩 뛰어서 세기: 백의 자리 숫자가 1씩 커져요.
4320-4420-4520-4620-4720

☆ 10씩 뛰어서 세기: 십의 자리 숫자가 1씩 커져요.
4320-4330-4340-4350-4360

☆ 1씩 뛰어서 세기: 일의 자리 숫자가 1씩 커져요.
4320-4321-4322-4323-4324

STEP 3 스스로 풀어보기 ☆

1. 규현이가 말한 수는 무엇인지 풀이 과정을 쓰고, 답을 구하세요. [10점]

> **승미** 8216에서 10씩 5번 뛰어서 센 수입니다.
>
> **규현** 승미가 말한 수에서 1000씩 거꾸로 3번 뛰어서 센 수입니다.

풀이

10씩 뛰어서 센 수는 십의 자리 숫자가 □ 씩 커집니다. 8216에서 10씩 □ 번 뛰어서

센 수는 8216-8226- □ -8246- □ - □ 이므로 승미가

말한 수는 □ 입니다.

1000씩 거꾸로 뛰어서 세면 천의 자리 숫자가 □ 씩 작아집니다. 8266에서 1000씩

거꾸로 3번 뛰어서 센 수는 □ - □ -6266- □ 입니다.

따라서 규현이가 말한 수는 □ 입니다.

답 _____

2. 은우가 말한 수는 무엇인지 풀이 과정을 쓰고, 답을 구하세요. [15점]

> **민영** 2020에서 100씩 4번 뛰어서 센 수입니다.
>
> **은우** 민영이가 말한 수에서 10씩 거꾸로 5번 뛰어서 센 수입니다.

풀이

답 _____

핵심유형 4

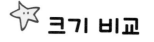

STEP 1 대표 문제 맛보기

다음은 어느 마을의 인구수를 나타낸 표입니다. 인구가 가장 적은 마을은 어느 마을인지 풀이 과정을 쓰고, 답을 구하세요. (8점)

(가) 마을	(나) 마을	(다) 마을
4892명	5317명	4868명

1단계 알고 있는 것 (1점)

(가) 마을의 인구수 : ☐ 명

(나) 마을의 인구수 : ☐ 명

(다) 마을의 인구수 : ☐ 명

2단계 구하려는 것 (1점)

인구가 가장 (많은 , 적은) 마을은 어느 마을인지 구하려고 합니다.

3단계 문제 해결 방법 (2점)

세 마을의 인구수를 비교하여 수가 가장 (큰 , 작은) 마을을 찾습니다.

4단계 문제 풀이 과정 (3점)

각 마을의 인구수를 비교합니다. ☐ 의 천의 자리 숫자가

가장 크므로 ☐ 은 가장 큰 수입니다.

4892와 4868은 ☐ 의 자리 숫자와 백의 자리 숫자가 같으므로

☐ 의 자리 숫자를 비교합니다. ☐ > ☐ 이므로 ☐

> ☐ 입니다.

5단계 구하려는 답 (1점)

따라서 인구가 가장 적은 마을은 ☐ 마을입니다.

5월이 되면 튤립 축제를 합니다. 튤립 축제를 하는 놀이동산에서는 여러 색의 튤립을 심었습니다. 다음 중 가장 많이 심은 튤립부터 순서대로 나타내려고 합니다. 풀이 과정을 쓰고, 답을 구하세요. (9점)

빨간색 튤립	노란색 튤립	주황색 튤립
1973송이	1989송이	1892송이

1단계 알고 있는 것 (1점)

빨간색 튤립의 수 : ☐ 송이

노란색 튤립의 수 : ☐ 송이

주황색 튤립의 수 : ☐ 송이

2단계 구하려는 것 (1점)

가장 (많이 , 적게) 심은 튤립부터 순서대로 나타내려고 합니다.

3단계 문제 해결 방법 (2점)

세 가지 색의 튤립 수를 비교하여 (큰 , 작은) 수부터 차례로 나타냅니다.

4단계 문제 풀이 과정 (3점)

각 튤립의 수를 비교합니다. ☐ 의 자리 숫자는 모두 같으므로 백의 자리 숫자를 보면 ☐ 가 가장 작습니다. 1973과 1989는 ☐ 의 자리 숫자와 백의 자리 숫자가 같으므로 십의 자리 숫자를 비교하면 ☐ < ☐ 이므로 ☐ < ☐ 입니다.
세 수의 크기를 비교하면 ☐ < 1973 < ☐ 입니다.

5단계 구하려는 답 (2점)

STEP 3 스스로 풀어보기

1. 세 수의 크기를 비교하여 큰 수부터 차례대로 기호를 쓰려고 합니다. 풀이 과정을 쓰고, 답을 구하세요. 10점

> ㉠ 6273보다 30만큼 더 작은 수
> ㉡ 10이 620개인 수
> ㉢ 5273보다 1000만큼 더 큰 수

풀이

6273보다 30만큼 더 작은 수는 ☐ 입니다. 10이 620개인 수는 ☐ 이고,

5273보다 1000만큼 더 큰 수는 ☐ 입니다. ☐ > 6243 > ☐ 이므로

☐ > ㉠ > ☐ 입니다. 따라서 큰 수부터 차례로 기호를 쓰면 ☐ , ☐ , ☐ 입니다.

답 _____

2. 세 수의 크기를 비교하여 작은 수부터 차례대로 기호를 쓰려고 합니다. 풀이 과정을 쓰고, 답을 구하세요. 15점

> ㉠ 7629보다 1만큼 더 큰 수
> ㉡ 7597보다 30만큼 더 큰 수
> ㉢ 10이 760개인 수

풀이

답 _____

1

0부터 9까지의 수 중에서 □안에 들어갈 수 있는 가장 큰 수는 무엇인지 풀이 과정을 쓰고, 답을 구하세요. 20점

3□26 < 3608

 풀이

 □에 어떤 수가 들어가야 할까요?

먼저 천의 자리 숫자를 비교해 보고, 십의 자리 숫자를 비교해 보세요.

답

2

어떤 수부터 10씩 거꾸로 4번 뛰어서 센 후, 100씩 5번 뛰어서 세었더니 6236이 되었습니다. 어떤 수를 구하고, 어떤 수의 천의 자리 숫자가 나타내는 값은 무엇 인지 풀이 과정을 쓰고, 답을 구하세요. 20점

 풀이

거꾸로 생각해요!

6236에서 100씩 거꾸로 5번 뛰어서 센 수를 구해요.

이 수에서 다시 10씩 4번 뛰어서 세기를 해요.

답 어떤 수 :   천의 자리 숫자가 나타내는 값 :

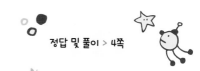

3

주훈이네 모둠에서는 돌아가며 네 자리 수를 맞추는 게임을 하고 있습니다. 수정이가 네 친구의 설명을 듣고 네 자리 수를 구하였습니다. 수정이가 구한 네 자리 수는 무엇인지 풀이 과정을 쓰고, 답을 구하세요. (20점)

> **주훈** 수정아, 천의 자리 숫자는 8이야.
> **태랑** 백의 자리 숫자는 천의 자리 숫자보다 3만큼 더 작아.
> **의경** 십의 자리 숫자는 70을 나타내.
> **유현** 일의 자리 숫자는 백의 자리 숫자보다 2만큼 더 커.

풀이

답

힌트로 해결 끝!
천, 백, 십, 일의 자리 숫자를 순서대로 구해요.

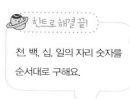

4

다음은 세종대왕의 업적과 연도를 나타낸 것입니다. 먼저 한 일부터 순서대로 기호를 쓰려고 합니다. 풀이 과정을 쓰고, 답을 구하세요. (20점)

> ㉠ 해시계 앙부일구 제작 – 1434년　　㉡ 집현전 설치 – 1420년
> ㉢ 왕의 자리 오름 – 1418년　　㉣ 훈민정음 창제 – 1446년

풀이

답

힌트로 해결 끝!
세종대왕은 정말 다양한 업적을 많이 남기셨어요.

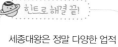

해시계 앙부일구예요!

나만의 문제 만들기

거꾸로 풀며 나만의 문제를 완성해 보세요.

정답 및 풀이 > 5쪽

모를 때 찍어봐!

다음은 주어진 수와 조건을 활용해서 만든 어떤 문제를 보고 풀이 과정과 답을 구한 것입니다.
어떤 문제였을까요? 거꾸로 문제 만들기, 도전해 볼까요? 15점

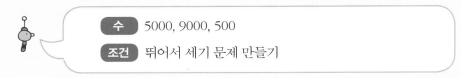

| 수 | 5000, 9000, 500 |
| 조건 | 뛰어서 세기 문제 만들기 |

★힌트★
풀이를 보고 질문을 만들어요

문제

풀이

영민이의 저금통에 있는 돈이 5000원이고 매일 500원씩 저금을 하므로 5000

부터 500씩 뛰어 세기를 하면 5000-5500-6000-6500-7000-7500-

8000-8500-9000입니다.

따라서 9000이 되려면 500씩 8번 뛰어 세기를 해야 하므로 영민이의 저금통

에 있는 돈은 8일 후에 9000원이 됩니다.

답   8일 후

2. 곱셈구구

STEP 1 대표 문제 맛보기

호수에 오리가 4마리 있습니다. 오리의 다리는 모두 몇 개인지 풀이 과정을 쓰고, 답을 구하세요. (8점)

1단계 알고 있는 것 (1점) 호수에 있는 오리의 수 : ☐ 마리

2단계 구하려는 것 (1점) 호수에 있는 오리의 ☐ 는 모두 몇 개인지 구하려고 합니다.

3단계 문제 해결 방법 (2점) 오리 한 마리의 다리 수는 ☐ 개이므로 오리 한 마리의 다리 수에 오리의 수를 (곱합니다 , 더합니다).

4단계 문제 풀이 과정 (3점) 오리 한 마리의 다리는 ☐ 개입니다.

(오리 4마리의 다리 수) = (오리 한 마리의 다리 수) × (오리 수)

= ☐ × ☐

= ☐ (개)입니다.

5단계 구하려는 답 (1점) 따라서 호수에 있는 오리 4마리의 다리는 모두 ☐ 개입니다.

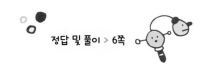

STEP 2 따라 풀어보기 ☆

책꽂이 한 칸에는 5권의 책을 꽂을 수 있습니다. 책꽂이가 모두 8칸이라고 할 때, 책꽂이에 꽂을 수 있는 책은 모두 몇 권인지 풀이 과정을 쓰고, 답을 구하세요. (9점)

1단계 알고 있는 것 (1점)   한 칸에 꽂을 수 있는 책의 수 : ☐ 권

책꽂이의 칸 수 : ☐ 칸

2단계 구하려는 것 (1점)   ☐ 에 모두 몇 권의 ☐ 을 꽂을 수 있는지 구하려고 합니다.

3단계 문제 해결 방법 (2점)   한 칸에는 ☐ 권의 책을 꽂을 수 있으므로 한 칸에 꽂을 수 있는 책의 수에 칸의 수를 (곱합니다 , 더합니다).

4단계 문제 풀이 과정 (3점)   (책꽂이에 꽂을 수 있는 책의 수)

= (한 칸에 꽂을 수 있는 책의 수) ✕ (칸의 수)

= ☐ ✕ ☐

= ☐ (권)입니다.

5단계 구하려는 답 (2점)

123 이것만 알면 문제 해결 OK!

📌 곱셈구구

☆ 2의 단 곱셈구구

✕	1	2	3	4	5	6	7	8	9
2	2	4	6	8	10	12	14	16	18

→ 2의 단 곱셈구구에서 곱하는 수가 1씩 커지면 곱은 2씩 커집니다.

☆ 5의 단 곱셈구구

✕	1	2	3	4	5	6	7	8	9
5	5	10	15	20	25	30	35	40	45

→ 5의 단 곱셈구구에서 곱하는 수가 1씩 커지면 곱은 5씩 커집니다.

 STEP **3** 스스로 풀어보기

유형 ❶

1. 사탕 32개를 친구 6명에게 5개씩 나누어 주었습니다. 남은 사탕은 몇 개인지 풀이 과정을 쓰고, 답을 구하세요. (10점)

풀이

(나누어 준 사탕 수) = (한 친구에게 준 사탕 수) × (친구 수)

= ☐ × ☐ = ☐ (개)입니다.

사탕 32개 중 ☐ 개를 나누어 주었으므로 남은 사탕의 수는

☐ − ☐ = ☐ (개)입니다.

답 _____

2. 미술 시간에 색 도화지 50장을 9명에게 5장씩 나누어 주었습니다. 남은 색 도화지는 몇 장인지 풀이 과정을 쓰고, 답을 구하세요. (15점)

풀이

답 _____

정답 및 풀이 > 6쪽

STEP 1 대표 문제 맛보기

기차 안에서 파는 구운 달걀은 한 봉지에 3개씩 들어 있습니다. 영준이네 가족이 기차를 타고 여행을 가면서 산 구운 달걀은 5봉지입니다. 영준이네 가족이 산 달걀은 모두 몇 개인지 풀이 과정을 쓰고, 답을 구하세요. (8점)

1단계 알고 있는 것 (1점)

한 봉지에 있는 달걀의 수 : ☐ 개

영준이네 가족이 산 달걀 봉지의 수 : ☐ 봉지

2단계 구하려는 것 (1점)

영준이네 가족이 산 구운 ☐ 은 모두 몇 개인지 구하려고 합니다.

3단계 문제 해결 방법 (2점)

영준이네 가족이 산 달걀의 수는 한 봉지에 들어 있는 ☐ 수에 산 봉지의 수를 (곱합니다 , 더합니다).

4단계 문제 풀이 과정 (3점)

(산 달걀의 수) = (한 봉지에 들어있는 달걀의 수) × (봉지의 수)

= ☐ × ☐ = ☐ (개)입니다.

5단계 구하려는 답 (1점)

따라서 영준이네 가족이 산 구운 달걀은 모두 ☐ 개입니다.

공원에 있는 의자는 한 개에 6명이 앉을 수 있습니다.
공원에 있는 8개의 의자에 앉을 수 있는 사람은 모두 몇 명
인지 풀이 과정을 쓰고, 답을 구하세요. (9점)

1단계 알고 있는 것 (1점)

의자 한 개에 앉을 수 있는 사람의 수 : ☐ 명

공원에 있는 의자의 수 : ☐ 개

2단계 구하려는 것 (1점)

☐ 개의 의자에 앉을 수 있는 사람 수를 구하려고 합니다.

3단계 문제 해결 방법 (2점)

☐ 개의 의자에 앉을 수 있는 사람 수는 한 개의 의자에 앉을 수 있는 사람 수에 의자 수를 (곱합니다 , 더합니다).

4단계 문제 풀이 과정 (3점)

(의자 8개에 앉을 수 있는 사람 수)

= (의자 한 개에 앉을 수 있는 사람 수) ✕ (의자 수)

= ☐ ✕ ☐ = ☐ (명)

5단계 구하려는 답 (2점)

_____

이것만 알면
문제 해결 OK!

📌 **곱셈구구**

☆ 3의 단 곱셈구구

✕	1	2	3	4	5	6	7	8	9
3	3	6	9	12	15	18	21	24	27

➡ 3의 단 곱셈구구에서 곱하는 수가 1씩 커지면 곱은 3씩 커집니다.

☆ 6의 단 곱셈구구

✕	1	2	3	4	5	6	7	8	9
6	6	12	18	24	30	36	42	48	54

➡ 6의 단 곱셈구구에서 곱하는 수가 1씩 커지면 곱은 6씩 커집니다.

STEP 3 스스로 풀어보기

1. 자전거 대여소에 세발자전거가 9대 있습니다. 대여소에 있는 세발자전거의 바퀴는 모두 몇 개인지 풀이 과정을 쓰고, 답을 구하세요. (10점)

세발자전거 한 대의 바퀴 수는 ☐ 개입니다. 세발자전거가 ☐ 대 있으므로

(세발자전거의 바퀴 수) = (세발자전거 한 대의 바퀴 수) × (자전거 수)

= ☐ × ☐

= ☐ (개)

따라서 세발자전거 9대의 바퀴는 모두 ☐ 개입니다.

답 _____

2. 개미의 다리는 6개입니다. 8마리의 개미가 줄지어 기어가고 있습니다. 개미의 다리는 모두 몇 개인지 풀이 과정을 쓰고, 답을 구하세요. (15점)

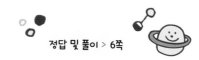

답 _____

4의 단, 8의 단 곱셈구구

STEP 1 대표 문제 맛보기

> 서연이와 진영이는 동화책을 읽고 있습니다. 서연이는 매일 4쪽씩 8일 동안 읽었고 진영이는 매일 8쪽씩 4일 동안 읽었습니다. 두 사람이 읽은 동화책 쪽수를 비교하려고 합니다. 풀이 과정을 쓰고, 답을 구하세요. (8점)

1단계 알고 있는 것 (1점)

서연이가 매일 읽은 동화책 쪽수 : ☐ 쪽

서연이가 동화책을 읽은 날수 : ☐ 일

진영이가 매일 읽은 동화책 쪽수 : ☐ 쪽

진영이가 동화책을 읽은 날수 : ☐ 일

2단계 구하려는 것 (1점)

☐ 이와 진영이가 읽은 동화책 쪽수를 ☐ 하려고 합니다.

3단계 문제 해결 방법 (2점)

매일 읽은 쪽수와 읽은 날수를 (곱하여 , 더하여) 두 사람이 읽은 쪽수를 구하고 수의 크기를 ☐ 합니다.

4단계 문제 풀이 과정 (3점)

(서연이가 읽은 동화책 쪽수) = (매일 읽은 쪽수) × (읽은 날수)

= ☐ × ☐ = ☐ (쪽),

(진영이가 읽은 동화책 쪽수) = (매일 읽은 쪽수) × (읽은 날수)

= ☐ × ☐ = ☐ (쪽)입니다.

5단계 구하려는 답 (1점)

따라서 서연이와 진영이가 읽은 동화책 쪽수는 (같습니다 , 다릅니다).

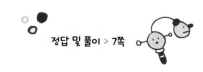

STEP 2 따라 풀어보기 ☆

> 현장학습 간식으로 초코과자를 준비하려고 합니다. 40개의 초코과자를 한 상자에
> 8개씩 담아 준비한다면 상자는 몇 개 필요한지 풀이 과정을 쓰고, 답을 구하세요. (9점)

1단계 알고 있는 것 (1점)

한 상자에 담을 수 있는 초코과자의 수 : ☐ 개

초코과자의 수 : ☐ 개

2단계 구하려는 것 (1점)

☐ 개의 초코과자를 ☐ 개씩 담으려면 몇 개의 ☐ 가
필요한지 구하려고 합니다.

3단계 문제 해결 방법 (2점)

필요한 ☐ 수를 □라 하여 한 상자에 담을 과자 수에 상자 수를
(곱한 , 더한) 값이 전체 과자 수임을 이용합니다.

4단계 문제 풀이 과정 (3점)

필요한 상자 수를 □라 하면

(한 상자에 담는 과자 수) × (상자 수) = (전체 과자 수)이므로

☐ × □ = ☐ 이고, 8단 곱셈구구에서

8 × ☐ = ☐ 이므로 □는 ☐ 입니다.

5단계 구하려는 답 (2점)

📌 곱셈구구

123
이것만 알면
문제 해결 OK!

☆ 4의 단 곱셈구구

×	1	2	3	4	5	6	7	8	9
4	4	8	12	16	20	24	28	32	36

➡ 4의 단 곱셈구구에서 곱하는 수가 1씩 커지면
곱은 4씩 커집니다.

☆ 8의 단 곱셈구구

×	1	2	3	4	5	6	7	8	9
8	8	16	24	32	40	48	56	64	72

➡ 8의 단 곱셈구구에서 곱하는 수가 1씩 커지면
곱은 8씩 커집니다.

 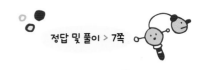

STEP 3 스스로 풀어보기

1. 준성이는 딱지를 친구들에게 나누어 주었습니다. 어제는 한 사람에게 4개씩 8명에게 나누어 주었고, 오늘은 한 사람에게 8개씩 5명에게 나누어 주었습니다. 준성이가 어제와 오늘 나누어 준 딱지는 모두 몇 개인지 풀이 과정을 쓰고, 답을 구하세요. [10점]

풀이

(나누어 준 딱지 수) = (한 사람에게 준 딱지 수) × (사람 수)입니다. 어제 나누어 준 딱지의 수는 4 × ☐ = ☐ (개)이고, 오늘 나누어 준 딱지의 수는 ☐ × 5 = ☐ (개)입니다. 따라서 어제와 오늘 나누어 준 딱지는 ☐ + ☐ = ☐ (개)입니다.

답 _____

2. 미술 시간에 사용할 색종이를 1반 학생들은 한 모둠에 8장씩 6모둠이 받았고, 2반 학생들은 한 모둠에 4장씩 9모둠이 받았습니다. 1반과 2반 학생들이 받은 색종이는 모두 몇 장인지 풀이 과정을 쓰고, 답을 구하세요. [15점]

풀이

답 _____

STEP 1 대표 문제 맛보기

오렌지가 모두 몇 개인지 알아보려고 합니다. 잘못 말한 사람은 누구인지 풀이 과정을 쓰고, 답을 구하세요. (8점)

> 영서 9를 4번 더하면 돼.
> 소현 9×3을 이용하면 편해.

1단계 알고 있는 것 (1점)

영서 : ☐ 를 ☐ 번 더하면 돼.

소현 : ☐ × ☐ 을 이용하면 편해.

2단계 구하려는 것 (1점)

☐ 의 수를 구하는 방법이 (바른 , 잘못된) 사람은 누구인지 구하려고 합니다.

3단계 문제 해결 방법 (2점)

두 사람이 말한 수를 각각 구하여 오렌지의 수를 (바르게 , 잘못) 구한 사람을 찾습니다.

4단계 문제 풀이 과정 (3점)

9씩 4번 더하면 ☐ + ☐ + ☐ + ☐ = ☐ 입니다.

9와 3의 곱은 ☐ × ☐ = ☐ 입니다.

그림 속의 오렌지는 모두 ☐ 개입니다.

5단계 구하려는 답 (1점)

따라서 구하는 방법이 잘못된 친구는 ☐ 입니다.

한 묶음의 색종이 수는 7장입니다. 8명에게 한 묶음씩 색종이를 나누어 주려면 색종이는 모두 몇 장이 필요한지 풀이 과정을 쓰고, 답을 구하세요. (9점)

1단계 알고 있는 것 (1점)

한 묶음의 색종이 수 : ☐ 장

색종이를 나누어 줄 사람 수 : ☐ 명

2단계 구하려는 것 (1점)

8명에게 나누어 줄 ☐ 는 모두 몇 장이 필요한지 구하려고 합니다.

3단계 문제 해결 방법 (2점)

필요한 색종이의 수는 한 묶음의 색종이 수에 나누어 줄 사람 수를 (곱합니다 , 더합니다).

4단계 문제 풀이 과정 (3점)

(필요한 색종이 수) = (한 묶음의 색종이 수) × (나누어 줄 사람 수)

= ☐ × ☐ = ☐ (장)입니다.

5단계 구하려는 답 (2점)

곱셈구구

☆ 7의 단 곱셈구구

×	1	2	3	4	5	6	7	8	9
7	7	14	21	28	35	42	49	56	63

➡ 7의 단 곱셈구구에서 곱하는 수가 1씩 커지면 곱은 7씩 커집니다.

☆ 9의 단 곱셈구구

×	1	2	3	4	5	6	7	8	9
9	9	18	27	36	45	54	63	72	81

➡ 9의 단 곱셈구구에서 곱하는 수가 1씩 커지면 곱은 9씩 커집니다.

STEP 3 스스로 풀어보기

1. 명현이의 나이는 9살입니다. 명현이 아버지는 명현이 나이의 4배보다 6살 더 많습니다. 명현이 아버지의 나이는 몇 살인지 풀이 과정을 쓰고, 답을 구하세요. (8점)

풀이

명현이의 나이의 4배는 [　] × [　] = [　] (살)입니다. 명현이 아버지의 나이는 명현이 나이의 4배보다 6살 더 많으므로 [　] + 6 = [　] (살)입니다.

답 _____

2. 주원이 동생의 나이는 7살입니다. 주원이 어머니는 주원이 동생 나이의 6배보다 3살 더 적습니다. 주원이 어머니의 나이는 몇 살인지 풀이 과정을 쓰고, 답을 구하세요. (15점)

풀이

답 _____

스스로 문제를 풀어보며 실력을 높여보세요.

1 유형①+③

미라네 농장에는 닭이 8마리, 염소가 5마리 있습니다. 농장에 있는 동물의 다리 수는 모두 몇 개인지 풀이 과정을 쓰고, 답을 구하세요. (20점)

 힌트로 해결 끝!

동물의 다리 수	
닭	2개
염소	4개

풀이

답

2 유형③+④

치킨 한 마리는 9조각이고 피자 한 판은 8조각입니다. 치킨 5마리와 피자 6판을 주문하였다면 치킨과 피자는 어느 것이 몇 조각 더 많은지 풀이 과정을 쓰고, 답을 구하세요. (20점)

 힌트로 해결 끝!

(치킨의 조각 수)
=(한 마리의 조각 수)×(마리 수)

(피자의 조각 수)
=(한 판의 조각 수)×(판 수)

풀이

답

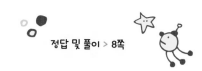

3

창의융합

지환이와 유찬이네 팀이 농구 경기를 하고 있습니다. 농구 경기에서 3점 라인 밖에서 공을 넣으면 3점, 3점 라인 안에서 공을 넣으면 2점입니다. 농구 경기에서 어느 팀이 이겼는지 풀이 과정을 쓰고, 답을 구하세요. 〔20점〕

지환	점수	3점	2점
	넣은 횟수	7개	9개

유찬	점수	3점	2점
	넣은 횟수	8개	8개

농구 경기에서 3점 라인 밖에서 골을 넣으면 3점이고 3점 라인 안에서 골을 넣으면 2점이래요.

풀이

답

4

스토리텔링

1부터 9까지의 수 중에서 □ 안에 들어 갈 수 있는 수는 모두 몇 개인지 풀이 과정을 쓰고, 답을 구하세요. 〔20점〕

$$3 \times 6 \ < \ 6 \times \boxed{} \ < \ 9 \times 5$$

먼저 3×6과 9×5를 계산해야 해요.

□안에 1부터 9까지의 수를 차례로 넣어 보고 □안에 들어갈 수를 구할 수도 있어요.

풀이

답

나만의 문제 만들기

모를 때 찍어봐!

정답 및 풀이 > 9쪽

다음은 주어진 수와 낱말, 조건을 활용해서 만든 문제를 보고 풀이 과정과 답을 구한 것입니다.
어떤 문제였을까요? 거꾸로 문제 만들기, 도전해 볼까요? (15점)

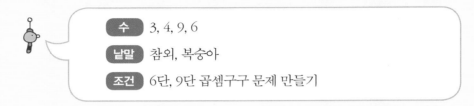

수	3, 4, 9, 6
낱말	참외, 복숭아
조건	6단, 9단 곱셈구구 문제 만들기

힌트
참외와 복숭아가 모두 몇 개인지 구해 볼까요?

문제

풀이

어머니께서 사 오신 참외는 한 바구니에 참외가 6개씩 3바구니이므로
6×3=18(개)이고, 복숭아는 한 바구니에 복숭아가 9개씩 4바구니이므로
9×4=36(개)입니다.

따라서 어머니께서 사 오신 과일은 모두 18+36=54(개)입니다.

답 _54개_

3. 길이 재기

STEP 1 대표 문제 맛보기

지민이가 가지고 있는 끈의 길이는 500 cm이고, 민정이가 가지고 있는 끈의 길이는 300 cm입니다. 지민이가 가지고 있는 끈의 길이는 민정이가 가지고 있는 끈의 길이보다 몇 m 더 긴지 풀이 과정을 쓰고, 답을 구하세요. (8점)

1단계 알고 있는 것 (1점)

지민이가 가지고 있는 끈의 길이 : [　　] cm

민정이가 가지고 있는 끈의 길이 : [　　] cm

2단계 구하려는 것 (1점)

[　　]이가 가지고 있는 끈의 길이가 [　　]이가 가지고 있는 끈의 길이보다 몇 [　] 더 긴지 구하려고 합니다.

3단계 문제 해결 방법 (2점)

끈의 길이를 m 단위로 나타내고 나타낸 끈의 길이의 (합 , 차)(을)를 구합니다.

4단계 문제 풀이 과정 (3점)

100 cm = [　　] m이므로 500 cm = [　　] m이고

300 cm = [　　] m이므로 5 − 3 = [　　] (m)입니다.

5단계 구하려는 답 (1점)

따라서 지민이가 가진 끈의 길이는 민정이가 가진 끈의 길이보다 [　　] m 더 깁니다.

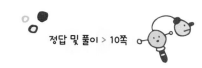

STEP 2 따라 풀어보기 ☆

은행나무의 키는 280 cm이고 벗나무의 키는 2 m 78 cm 입니다. 은행나무와 벗나무 중에서 키가 더 큰 것은 어느 것인지 풀이 과정을 쓰고, 답을 구하세요. (9점)

1단계 알고 있는 것 (1점)

은행나무의 키 : ☐ cm

벗나무의 키 : ☐ m ☐ cm

2단계 구하려는 것 (1점)

☐ 와 벗나무 중에서 키가 더 (큰 , 작은) 것은 어느 것인지 구하려고 합니다.

3단계 문제 해결 방법 (2점)

은행나무의 키를 몇 ☐ 몇 cm로 바꾸거나 벗나무의 키를

☐ 로 바꾸어 비교합니다.

4단계 문제 풀이 과정 (3점)

100 cm = ☐ m이므로 280 cm = ☐ m ☐ cm입니다.

2 m ☐ cm > 2 m ☐ cm이므로

(☐ 나무의 키) > (☐ 나무의 키)입니다.

또, 2 m 78 cm = ☐ cm입니다. ☐ cm > ☐ cm

이므로 (☐ 나무의 키) > (☐ 나무의 키)입니다.

5단계 구하려는 답 (2점)

STEP 3 스스로 풀어보기

유형 ①

1. 나무의 키를 1 m짜리 줄자로 4번 재었더니 20 cm가 남았습니다. 나무의 키는 몇 m 몇 cm인지 풀이 과정을 쓰고, 답을 구하세요. (10점)

풀이

1 m로 4번 잰 길이는 ☐ m입니다. 나무의 키는 4 m보다 ☐ cm가 더 큽니다. 4 m

보다 ☐ cm 더 긴 길이는 ☐ m ☐ cm입니다. 따라서 나무의 키는 ☐ m

☐ cm입니다.

답 _____

2. 윤정이네는 아파트 3층에 살고 있습니다. 바닥부터 3층까지의 높이는 1 m로 9번보다 80 cm가 더 높다고 합니다. 바닥부터 3층까지의 높이는 몇 m 몇 cm인지 풀이 과정을 쓰고, 답을 구하세요. (15점)

풀이

답 _____

☆ 길이의 합

정답 및 풀이 > 10쪽

STEP 1 대표 문제 맛보기

유진이는 다양한 색의 리본을 만들기 위해 끈을 이어 붙였습니다. 초록색 끈과 노란색 끈을 겹치지 않게 이어 붙였다면 이어 붙인 끈의 길이는 몇 m 몇 cm인지 풀이 과정을 쓰고, 답을 구하세요. (8점)

```
      2 m 25 cm              1 m 13 cm
```

1단계 알고 있는 것 (1점)   초록색 끈의 길이 : ☐ m ☐ cm

노란색 끈의 길이 : ☐ m ☐ cm

2단계 구하려는 것 (1점)   ☐ 끈과 노란색 끈을 (겹치지 않게 , 겹치게) 이어 붙여 만든 끈의 길이를 구하려고 합니다.

3단계 문제 해결 방법 (2점)   초록색 끈의 길이와 ☐ 끈의 길이를 (더합니다 , 뺍니다).

4단계 문제 풀이 과정 (3점)   (이어 붙인 끈의 길이) = (초록색 끈의 길이) + (노란색 끈의 길이)

= ☐ m ☐ cm + ☐ m ☐ cm

= ☐ m ☐ cm

5단계 구하려는 답 (1점)   따라서 이어 붙인 끈의 길이는 ☐ m ☐ cm입니다.

현우는 집에서 문구점을 거쳐 학교까지 가려고 합니다. 현우가 이동한 거리는 몇 m 몇 cm인지 풀이 과정을 쓰고, 답을 구하세요. (9점)

집 ─── 56 m 35 cm ─── 문구점 ─── 23 m 40 cm ─── 학교

1단계 알고 있는 것 (1점)

집에서 문구점까지의 거리 : ☐ m ☐ cm

문구점에서 학교까지의 거리 : ☐ m ☐ cm

2단계 구하려는 것 (1점)

☐ 에서 ☐ 을 거쳐 ☐ 까지 현우가 이동한 거리를 구하려고 합니다.

3단계 문제 해결 방법 (2점)

집에서 문구점까지의 거리에 문구점에서 학교까지의 거리를 (더합니다 , 뺍니다).

4단계 문제 풀이 과정 (3점)

(현우가 이동한 거리)

= (집에서 문구점까지의 거리) + (문구점에서 학교까지의 거리)

= ☐ m ☐ cm + ☐ m ☐ cm

= ☐ m ☐ cm

5단계 구하려는 답 (2점)

📌 **길이의 합 구하기**

```
      1
    2 m    6 0 cm
+   3 m    5 0 cm
─────────────────
    6 m    1 0 cm
```

☆ 길이의 합 구하기 : m는 m끼리 cm는 cm끼리 더합니다.

☆ 받아올림이 있는 계산 : 100 cm를 1 m로 받아올림하여 계산합니다.

 STEP 3 스스로 풀어보기

 유형 ❷

1. 민우네 학교 운동장은 짧은 쪽의 길이가 23 m 40 cm이고, 긴 쪽의 길이는 짧은 쪽의 길이보다
53 m 45 cm 더 깁니다. 민우네 학교 운동장의 긴 쪽의 길이는 몇 m 몇 cm인지 풀이 과정을 쓰고,
답을 구하세요. (10점)

풀이

(긴 쪽의 길이) = (짧은 쪽의 길이) + ☐ m ☐ cm

= ☐ m ☐ cm + ☐ m ☐ cm

= ☐ m ☐ cm입니다.

따라서 운동장의 긴 쪽의 길이는 ☐ m ☐ cm입니다.

답 _____

2. 해바라기의 키는 1 m 36 cm이고, 그 옆에 있는 은행나무의 키는 해바라기의 키보다 5 m 60 cm
더 큽니다. 은행나무의 키는 몇 m 몇 cm인지 풀이 과정을 쓰고, 답을 구하세요. (15점)

풀이

답 _____

 길이의 차

STEP 1 대표 문제 맛보기

태윤이는 길이가 746 cm인 노끈 중에서 4 m 23 cm를 미술 작품을 만드는 데 사용하였습니다. 남은 노끈의 길이는 몇 m 몇 cm인지 풀이 과정을 쓰고, 답을 구하세요. (8점)

1단계 알고 있는 것 (1점)

태윤이가 가지고 있는 노끈의 길이 : ☐ cm

사용한 노끈의 길이 : ☐ m ☐ cm

2단계 구하려는 것 (1점)

태윤이가 미술 작품을 위해 사용하고 남은 ☐ 의 길이를 구하려고 합니다.

3단계 문제 해결 방법 (2점)

길이의 단위를 (같게 , 다르게) 하여 처음 노끈의 길이에서 사용한 노끈의 길이를 (더합니다 , 뺍니다).

4단계 문제 풀이 과정 (3점)

746 cm = 700 cm + 46 cm = ☐ m ☐ cm입니다.

(남은 노끈의 길이) = (처음 노끈의 길이) − (사용한 노끈의 길이)

= ☐ m ☐ cm − ☐ m ☐ cm

= ☐ m ☐ cm

5단계 구하려는 답 (1점)

따라서 남은 노끈의 길이는 ☐ m ☐ cm입니다.

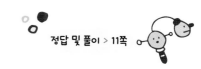

STEP 2 따라 풀어보기 ☆

길이가 354 cm인 고무줄이 있습니다. 이 고무줄을 양쪽에서 잡아당겼더니 4 m 93 cm 가 되었습니다. 늘어난 길이는 몇 m 몇 cm인지 풀이 과정을 쓰고, 답을 구하세요. (9점)

1단계 알고 있는 것 (1점)

고무줄의 길이 : ☐ cm

잡아당긴 고무줄의 길이 : ☐ m ☐ cm

2단계 구하려는 것 (1점)

☐ 고무줄의 길이를 몇 m 몇 ☐ 로 구하려고 합니다.

3단계 문제 해결 방법 (2점)

늘어난 고무줄의 길이는 잡아당긴 고무줄의 길이에서 처음 고무줄의 길이를 (더해서 , 빼서) 구합니다.

4단계 문제 풀이 과정 (3점)

354 cm = 300 cm + 54 cm = ☐ m ☐ cm입니다.

(늘어난 고무줄의 길이)

= (잡아당긴 고무줄의 길이) − (처음 고무줄의 길이)

= ☐ m ☐ cm − ☐ m ☐ cm

= ☐ m ☐ cm

5단계 구하려는 답 (2점)

─────────────────────────────────

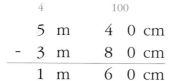

📌 **길이의 차 구하기**

```
      4          100
    5 m       4 0 cm
  - 3 m       8 0 cm
  ─────────────────
    1 m       6 0 cm
```

☆ 길이의 차 구하기 : m는 m끼리 cm는 cm끼리 뺍니다.

☆ 받아내림이 있는 계산 : 1 m를 100 cm로 받아내림하여 계산합니다.

STEP 3 스스로 풀어보기

1. 기차 한 칸의 길이는 24 m 45 cm이고 버스의 길이는 11 m 30 cm입니다 기차 한 칸의 길이는 버스의 길이보다 몇 cm인지 더 긴지 풀이 과정을 쓰고, 답을 구하세요. (10점)

풀이

(기차 한 칸의 길이) − (버스의 길이)

= □ m □ cm − □ m □ cm

= □ m □ cm입니다.

1 m = 100 cm이므로 □ m □ cm = □ cm입니다.

따라서 기차 한 칸의 길이는 버스의 길이보다 □ cm 더 깁니다.

답 _____

2. 강당의 가로는 19 m 20 cm이고 세로는 36 m 47 cm입니다. 강당의 세로는 가로보다 몇 cm 더 긴지 풀이 과정을 쓰고, 답을 구하세요. (15점)

풀이

답 _____

☆ 길이 어림하기

STEP 1 대표 문제 맛보기

교실 뒤에 있는 사물함입니다. 지수의 두 걸음이 1 m라면 교실 뒤에 있는 사물함의 길이는 약 몇 m 인지 어림하려고 합니다. 풀이 과정을 쓰고, 답을 구하세요. (8점)

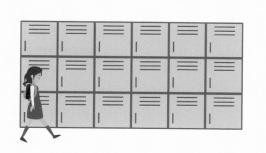

1단계 알고 있는 것 (1점) 지수의 두 걸음의 길이 : ☐ m

2단계 구하려는 것 (1점) 교실 뒤에 있는 ☐ 의 ☐ 는 약 몇 m인지 구하려고 합니다.

3단계 문제 해결 방법 (2점) 지수의 ☐ 걸음이 ☐ m임을 알고 사물함의 길이가 지수의 걸음으로 몇 걸음인지 어림하여 해결합니다.

4단계 문제 풀이 과정 (3점) 사물함의 가로는 지수의 걸음으로 약 ☐ 걸음입니다. 지수의 두 걸음이 ☐ m이므로 ☐ 걸음은 ☐ m입니다.

5단계 구하려는 답 (1점) 따라서 교실 뒤에 있는 사물함의 길이는 약 ☐ m입니다.

짧은 막대의 길이는 1 m 30 cm입니다. 긴 막대의 길이는 약 몇 m 몇 cm인지 어림하려고 합니다. 풀이 과정을 쓰고, 답을 구하세요. (9점)

1 m 30 cm

1단계 알고 있는 것 (1점)

짧은 막대의 길이 : [ ] m [ ] cm

2단계 구하려는 것 (1점)

(긴 , 짧은) 막대의 길이는 [ ] 몇 m 몇 cm인지 어림하여 구하려고 합니다.

3단계 문제 해결 방법 (2점)

[ ] 막대의 길이는 짧은 막대의 길이로 몇 번인지 어림하여 해결합니다.

4단계 문제 풀이 과정 (3점)

긴 막대의 길이는 [ ] 막대의 길이로 약 [ ] 번입니다.

[ ] m 30 cm + 1 m [ ] cm + 1 m [ ] cm

= [ ] m [ ] cm입니다.

5단계 구하려는 답 (2점)

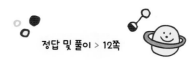

STEP 3 스스로 풀어보기

1. 거실 창문의 길이를 재었더니 1 m 20 cm 막대로 3번 재고, 약 20 cm가 남았습니다. 거실 창문의 길이는 약 몇 m 몇 cm인지 풀이 과정을 쓰고, 답을 구하세요. (10점)

 풀이

1 m 20 cm 막대로 3번 잰 길이는

1 m 20 cm + 1 m ☐ cm + 1 m ☐ cm = ☐ m ☐ cm입니다.

3 m ☐ cm보다 20 cm 더 긴 길이는 3 m ☐ cm이므로 거실 창문의 길이는

약 ☐ m ☐ cm입니다.

답 _____

2. 양팔을 벌려 가운뎃손가락 끝에서 끝까지 잰 길이가 약 1 m 50 cm입니다. 양팔을 벌렸을 때의 길이로 교실의 긴 쪽의 길이를 4번 재고, 약 30 cm가 남았습니다. 교실의 긴 쪽의 길이는 약 몇 m 몇 cm인지 풀이 과정을 쓰고, 답을 구하세요. (15점)

 풀이

답 _____

실력 다지기

1

힌트로 해결 끝!

(간격의 수)=(나무의 수)−1

도로 한 쪽에 나무가 460 cm 간격으로 심어져 있습니다. 첫 번째 나무에서 다섯 번째 나무까지의 거리는 몇 m 몇 cm인지 풀이 과정을 쓰고, 답을 구하세요.
(단, 나무의 굵기는 생각하지 않습니다.) 20점

풀이

답 _____

2

힌트로 해결 끝!

100 cm=1 m

트럭의 길이를 어림한 것입니다. 트럭의 실제 길이가 4 m 80 cm일 때 가장 가깝게 어림한 사람은 누구인지 풀이 과정을 쓰고, 답을 구하세요. 20점

| 재호 | 460 cm | 민지 | 4 m 90 cm |
| 혜리 | 4 m 75 cm | 승현 | 488 cm |

실제 길이와 어림한 길이의 차가 작을수록 가깝게 어림한 것이에요!

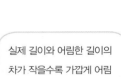

풀이

답 _____

③

생활수학

하늘이와 보라는 각각 3장의 카드를 가지고 있습니다. 이 카드를 사용하여 하늘이는 길이의 단위를 cm로 하여 가장 긴 길이를 만들고, 보라는 길이의 단위를 몇 m 몇 cm로 하여 가장 짧은 길이를 만들었습니다. 두 사람이 만든 길이의 차는 몇 m 몇 cm인지 풀이 과정을 쓰고, 답을 구하세요. (20점)

하늘이가 가진 카드

| 9 | 7 | 6 |

보라가 가진 카드

| 3 | 5 | 2 |

풀이

> 힌트로 해결 끝!
>
> 가장 큰 세 자리 수는 큰 수부터 높은 자리에 써요.
>
> 가장 작은 세 자리 수는 작은 수부터 높은 자리에 써요.

답

---

④

창의융합

다이빙은 높은 곳에서 뛰어 머리를 먼저 물속에 잠기게 하여 들어가는 수상 경기입니다. 다이빙의 종류는 스프링보드 다이빙과 하이다이빙이 있습니다. ㉠의 하이다이빙의 높이는 ㉡의 스프링보드 다이빙의 높이보다 몇 m 몇 cm 더 높은지 풀이 과정을 쓰고, 답을 구하세요. (20점)

㉠ : 7 m 50 cm

㉡ : 3 m

> 힌트로 해결 끝!
>
> 길이의 차는 m는 m끼리 cm는 cm끼리 빼요.

풀이

답

 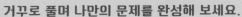 

거꾸로 풀며 나만의 문제를 완성해 보세요.

정답 및 풀이 > 13쪽

다음은 주어진 길이와 낱말, 조건을 활용해서 만든 문제를 보고 풀이 과정과 답을 구한 것입니다. 어떤 문제였을까요? 거꾸로 문제 만들기, 도전해 볼까요? 25점

수 40 m 25 cm, 52 m 49 cm

낱말 집, 우체국, 도서관

조건 길이의 합 문제 만들기

☆힌트☆
풀이를 보고 전체 거리를 구하는 질문을 만들어요

문제

풀이

집에서 우체국까지의 거리는 40 m 25 cm이고, 우체국에서 도서관까지의 거리는 52 m 49 cm입니다.

(우빈이가 걸은 거리)=(집에서 우체국까지의 거리)+(우체국에서 도서관까지의 거리)

=40 m 25 cm+52 m 49 cm

=92 m 74 cm입니다.

따라서 우빈이가 집에서 우체국을 지나 도서관까지 걸은 거리는 92 m 74 cm입니다.

답   92 m 74 cm

4. 시각과 시간

STEP 1 대표 문제 맛보기

다음은 유빈이가 아침에 일어난 시각을 설명한 것입니다. 유빈이가 일어난 시각은 몇 시 몇 분인지 풀이 과정을 쓰고, 답을 구하세요. (8점)

> 아침에 일어나 시계를 보았더니 시계의 짧은바늘이 7과 8 사이에 있었고, 시계의 긴바늘이 4를 가리키고 있었어.

1단계 알고 있는 것 (1점)

시계의 짧은바늘 : ☐ 과 ☐ 사이에 있습니다.

시계의 긴바늘 : ☐ (을)를 가리키고 있습니다.

2단계 구하려는 것 (1점)

유빈이가 아침에 ☐ 시각이 몇 시 몇 분인지 구하려고 합니다.

3단계 문제 해결 방법 (2점)

짧은바늘은 (시 , 분)(을)를 나타내고 긴바늘은 (시 , 분)(을)를 나타냅니다.

4단계 문제 풀이 과정 (3점)

시계의 짧은바늘이 7과 8 사이에 있으므로 ☐ 시이고, 시계의

긴바늘이 가리키는 숫자가 4이므로 ☐ 분입니다.

5단계 구하려는 답 (1점)

따라서 유빈이가 아침에 일어난 시각은 ☐ 시 ☐ 분입니다.

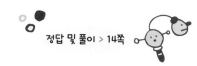

STEP 2 따라 풀어보기 ☆

다음은 지욱이가 줄넘기를 시작한 시각을 설명한 것입니다. 지욱이가 줄넘기를 시작한 시각은 몇 시 몇 분인지 풀이 과정을 쓰고, 답을 구하세요. [9점]

 줄넘기를 시작할 때 시계를 보았더니 시계의 짧은바늘이 6과 7 사이에 있고, 시계의 긴 바늘은 6에서 작은 눈금 3칸 덜 간 곳을 가리키고 있었습니다.

1단계 알고 있는 것 [1점]

시계의 짧은바늘 : ☐과 ☐ 사이에 있습니다.

시계의 긴바늘 : ☐에서 작은 눈금 ☐칸 덜 간 곳을 가리킵니다.

2단계 구하려는 것 [1점]

지욱이가 줄넘기를 시작한 ☐이 몇 시 몇 분인지 구하려고 합니다.

3단계 문제 해결 방법 [2점]

짧은바늘은 (시 , 분)(을)를 나타내고 긴바늘은 (시 , 분)(을)를 나타냅니다.

4단계 문제 풀이 과정 [3점]

시계의 짧은바늘이 6과 7 사이에 있으므로 ☐시이고 긴바늘은 6에서 작은 눈금 ☐칸 덜 간 곳을 가리키므로 ☐분입니다.

5단계 구하려는 답 [2점]

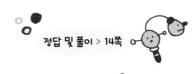

STEP 3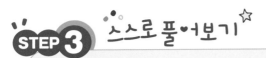

1. 다음은 거울에 비친 시계의 모습입니다. 이 시계가 나타내는 시각을 읽으려고 합니다. 풀이 과정을 쓰고, 답을 구하세요. (10점)

 풀이

거울에 비친 모습은 실제 모습과 왼쪽과 오른쪽이 반대로 바뀌어 보입니다. 시계의 □

바늘은 4와 □ 사이에 있으므로 □ 시이고 □ 바늘은 □ 분을 가리키므로 거

울에 비친 시계가 나타내는 시각을 읽으면 □ 시 □ 분입니다.

답 _____

2. 다음은 거울에 비친 시계의 모습입니다. 이 시계가 나타내는 시각을 읽으려고 합니다. 풀이 과정을 쓰고, 답을 구하세요. (15점)

 풀이

답 _____

STEP 1 대표 문제 맛보기

주영이와 연수의 대화를 보고 아침에 더 일찍 일어난 사람은 누구인지 풀이 과정을 쓰고, 답을 구하세요. (8점)

> **주영** 나는 오늘 아침에 7시 50분에 일어났어.
> **연수** 나는 오늘 아침에 8시 15분 전에 일어났어.

1단계 알고 있는 것 (1점)

주영이가 일어난 시각 : 아침 ☐ 시 ☐ 분

연수가 일어난 시각 : 아침 ☐ 시 ☐ 분 전

2단계 구하려는 것 (1점)

주영이와 연수 중에서 아침에 더 (일찍 , 늦게) 일어난 사람이 누구인지 구하려고 합니다.

3단계 문제 해결 방법 (2점)

주영이와 연수가 ☐ 시각을 구한 후, 더 (빠른 , 늦은) 시각을 찾습니다.

4단계 문제 풀이 과정 (3점)

주영이는 아침 ☐ 시 ☐ 분에 일어났습니다. 연수가 일어난 시각인 아침 ☐ 시 ☐ 분 전은 8시가 되기 15분 전의 시각이 므로 ☐ 시 ☐ 분입니다. ☐ 시 ☐ 분보다 ☐ 시 ☐ 분이 더 빠른 시각입니다.

5단계 구하려는 답 (1점)

따라서 ☐ 가 더 빨리 일어났습니다.

다음 시계를 보고 바르게 말한 사람은 누구인지 모두 구하려고 합니다. 풀이 과정을 쓰고, 답을 구하세요. 9점

지연 6시 52분입니다.

정민 6시 8분 전입니다.

영우 5시 12분을 나타내고 있습니다.

신지 5시 52분입니다.

1단계 알고 있는 것 1점

지연이가 말한 시각 : □ 시 □ 분

정민이가 말한 시각 : □ 시 □ 분 전

영우가 말한 시각 : □ 시 □ 분

신지가 말한 시각 : □ 시 □ 분

2단계 구하려는 것 1점

시계를 보고 (바르게 , 잘못) 말한 사람을 모두 구하려고 합니다.

3단계 문제 해결 방법 2점

시계의 □ 을 여러 가지 방법으로 읽을 수 있습니다.

4단계 문제 풀이 과정 3점

시계의 시각은 □ 시 □ 분입니다.

이 시각은 6시가 되기 □ 분 전의 시각이므로 □ 시 □ 분 전

입니다.

5단계 구하려는 답 2점 _____

STEP 3 스스로 풀어보기

1. 예지와 윤석이는 체육관 앞에서 만나기로 하였습니다. 다음은 두 사람이 약속 장소에 도착한 시각을 말한 것입니다. 약속 장소에 먼저 도착한 사람은 누구인지 풀이 과정을 쓰고, 답을 구하세요. (10점)

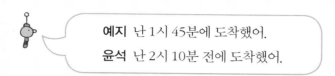

> **예지** 난 1시 45분에 도착했어.
> **윤석** 난 2시 10분 전에 도착했어.

풀이

2시 10분 전은 2시가 되기 10분 전의 시각이므로 ☐시 ☐분입니다. ☐시 ☐분은 ☐시 ☐분보다 빠른 시각입니다. 따라서 약속 장소에 먼저 도착한 사람은 ☐입니다.

답 _____

2. 주아와 언니는 학교가 끝난 후 바로 집으로 왔습니다. 주아는 2시 50분에 집에 도착했고, 언니는 3시 5분 전에 도착했다면 집에 먼저 온 사람은 누구인지 풀이 과정을 쓰고, 답을 구하세요. (15점)

풀이

답 _____

STEP 1 대표 문제 맛보기

영민이는 친구와 영화를 보러 갔습니다. 영화는 3시 40분에 시작하여 5시 30분에 끝났습니다. 영민이가 친구와 영화를 보는 데 걸린 시간은 몇 시간 몇 분인지 구하려고 합니다. 풀이 과정을 쓰고, 답을 구하세요. (8점)

1단계 알고 있는 것 (1점)

영화 시작 시각 : ☐ 시 ☐ 분

영화 끝난 시각 : ☐ 시 ☐ 분

2단계 구하려는 것 (1점)

영화를 보는 데 ☐ 시간이 몇 ☐ 몇 ☐ 인지 구하려고 합니다.

3단계 문제 해결 방법 (2점)

영화의 시작 시각과 끝나는 시각 사이의 ☐ 을 구합니다.

4단계 문제 풀이 과정 (3점)

영화가 시작한 시각은 ☐ 시 ☐ 분이고, 끝난 시각은 ☐ 시 ☐ 분입니다. 3시 40분에서 5시 30분까지의 시간은

☐ 시간 후   ☐ 분 후   30분 후

3시 40분 —— 4시 40분 —— 5시 —— 5시 30분

이므로 ☐ 시간 ☐ 분입니다.

5단계 구하려는 답 (1점)

따라서 영화를 보는 데 걸린 시간은 ☐ 시간 ☐ 분입니다.

66

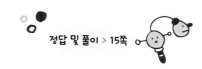

STEP 2 따라 풀어보기 ☆

> 서영이는 오전 10시 30분에 워터파크에 들어가서 놀다가 오후 7시에 나왔습니다. 서영이가 워터파크에 있었던 시간은 몇 시간 몇 분이였는지 풀이 과정을 쓰고, 답을 구하세요. (9점)

1단계 알고 있는 것 (1점)

서영이가 워터파크에 들어간 시각 : 오전 ☐ 시 ☐ 분

서영이가 워터파크에서 나온 시각 : 오후 ☐ 시

2단계 구하려는 것 (1점)

서영이가 워터파크에 있었던 ☐ 은 몇 시간 몇 분인지 구하려고 합니다.

3단계 문제 해결 방법 (2점)

워터파크에 들어간 시각과 나온 시각 사이의 ☐ 을 구합니다.

4단계 문제 풀이 과정 (3점)

워터파크에 들어간 시각은 오전 ☐ 시 ☐ 분이고, 나온 시각은 오후 ☐ 시입니다. 오전 10시 30분에서 오후 7시까지의 시간은

☐ 시간 ☐ 후   ☐ 시간 후

오전 10시 30분 ⌒ 낮 12시 ⌒ 오후 7시

이므로 ☐ 시간 ☐ 분입니다.

5단계 구하려는 답 (2점)

_____

STEP 3 스스로 풀어보기

유형③

1. 정연이가 2시간 25분 동안 미술관을 관람하고 나서 시계를 보았더니 6시 20분이었습니다. 정연이가 미술관을 관람하기 시작한 시각은 몇 시 몇 분인지 풀이 과정을 쓰고, 답을 구하세요. (10점)

풀이

6시 20분에서 2시간 25분 전의 시각이 정연이가 미술관을 관람하기 시작한 시각입니다.

6시 20분에서 2시간 전의 시각은 ☐ 시 ☐ 분이고, 4시 ☐ 분에서 25분 전의

시각은 ☐ 시 ☐ 분입니다. 따라서 정연이가 미술관을 관람하기 시작한 시각은

☐ 시 ☐ 분입니다.

답

2. 축구 경기는 전반전 경기 45분, 휴식시간 15분, 후반전 경기 45분 순서로 진행됩니다. 축구 경기가 8시 30분에 끝났다면 축구 경기를 시작한 시각은 몇 시 몇 분인지 풀이 과정을 쓰고, 답을 구하세요. (15점)

풀이

답

STEP 1 대표 문제 맛보기

어느 해 10월 달력의 일부입니다. 이 달의 마지막 날은 무슨 요일인지 풀이 과정을 쓰고, 답을 구하세요. (8점)

10월

일	월	화	수	목	금	토
				1	2	3
4	5	6	7	8	9	10

1단계 알고 있는 것 (1점) ☐ 월 달력의 일부입니다.

10월 1일부터 ☐ 일까지의 요일을 알고 있습니다.

2단계 구하려는 것 (1점) 10월의 (첫 , 마지막)날은 무슨 요일인지 구하려고 합니다.

3단계 문제 해결 방법 (2점) 10월은 ☐ 일까지 있고, 1주일은 7일이며 7일마다 (같은 , 다른) 요일이 반복됩니다.

4단계 문제 풀이 과정 (3점) 10월은 ☐ 일까지 있으므로 10월의 마지막 날은 ☐ 일입

니다. 1주일은 7일이고 7일마다 같은 요일이 반복되므로 31일부터

7씩 거꾸로 뛰어 세면 31일 – ☐ 일 – ☐ 일 – ☐ 일 –

☐ 일은 모두 ☐ 요일입니다.

5단계 구하려는 답 (1점) 따라서 10월의 마지막 날은 ☐ 요일입니다.

어느 해 6월의 달력의 일부입니다. 6월의 화요일인 날짜를 모두 쓰려고 합니다. 풀이 과정을 쓰고, 답을 구하세요. (9점)

6월

일	월	화	수	목	금	토
	1	2	3	4	5	6

1단계 알고 있는 것 (1점) ☐ 월 달력의 일부입니다. 6월 1일부터 ☐ 일까지의 요일을 알고 있습니다.

2단계 구하려는 것 (1점) 6월의 ☐ 요일인 날짜를 모두 구하려고 합니다.

3단계 문제 해결 방법 (2점) 6월 2일은 ☐ 요일입니다. 1주일은 7일이며 ☐ 일마다 같은 요일이 반복됩니다.

4단계 문제 풀이 과정 (3점) 6월 2일의 요일이 ☐ 요일이고 ☐ 일마다 같은 요일이 반복되므로 2일부터 7씩 뛰어 세면 2일 – ☐ 일 – 16일 – ☐ 일 – ☐ 일은 모두 ☐ 요일입니다.

5단계 구하려는 답 (2점) _____

📌 날수 알아보기

☆ 1주일=7일

☆ 1년=12개월

☆ 1년의 각 달의 날수

월	1	2	3	4	5	6	7	8	9	10	11	12
날수(일)	31	28	31	30	31	30	31	31	30	31	30	31

STEP 3 스스로 풀어보기

1. 주훈이의 생일은 9월 1일입니다. 같은 해 7월 28일은 화요일입니다. 주훈이의 생일은 무슨 요일 인지 풀이 과정을 쓰고, 답을 구하세요. (10점)

> 풀이
>
> 7월 28일이 화요일이므로 4일 후인 ☐월 ☐일은 ☐요일입니다. 같은 요일은 7일
>
> 마다 반복되므로 8월 1일, ☐일, ☐일, ☐일, ☐일이 토요일이고 2일 후
>
> 인 ☐월 ☐일은 월요일입니다. 따라서 다음 날인 9월 1일 주훈이 생일은 ☐요일
>
> 입니다.
>
> 답 _____

2. 어느 해 12월 25일은 금요일입니다. 같은 해 10월 31일은 무슨 요일이었는지 풀이 과정을 쓰고, 답을 구하세요. (15점)

풀이

답 _____

1 유형①+②

세 친구들 중에서 나머지 두 사람과 다른 시각을 말하는 사람은 누구인지 풀이 과정을 쓰고, 답을 구하세요. 20점

하진 5시에서 47분이 더 지났어.　　**수민** 6시 13분 전이야.

해정 짧은바늘은 5와 6 사이에 있고 긴바늘은 9에서 3칸 더 간 곳을 가리키고 있어.

풀이

 힌트로 해결 끝!

시각을 표현하는 여러 가지 방법을 익혀요.

4시 45분은 5시 15분 전과 같아요.

답 _____

2 유형③+④

서진이는 가족들과 캠핑을 다녀오려고 합니다. 캠핑장에 5월 15일 오후 2시에 입실해서 5월 17일 오전 11시에 퇴실하여야 합니다. 서진이네 가족은 몇 시간 동안 캠핑장을 이용할 수 있는지 풀이 과정을 쓰고, 답을 구하세요. 20점

풀이

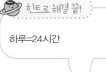 힌트로 해결 끝!

하루=24시간

15일 오후 2시부터
16일 오후 2시까지
→ 24시간

답 _____

정답 및 풀이 > 16쪽

3 생활수학

힌트로 해결 끝!

1년=12개월

주원이는 태권도를 1년 10개월 동안 배웠고, 진수는 21개월 동안 배웠습니다.
두 사람 중 누가 몇 개월 더 배웠는지 풀이 과정을 쓰고, 답을 구하세요. (20점)

 풀이

답 _____

4 생활수학

힌트로 해결 끝!

걸린 시간은 출발 시각과 도착 시각 사이의 간격이에요.

서울에서 부산까지 승용차와 고속버스로 간 시각입니다. 승용차와 고속버스 중
더 빨리 이동할 수 있는 수단은 무엇인지 풀이 과정을 쓰고, 답을 구하세요. (20점)

승용차		고속버스	
출발 시각	도착 시각	출발 시각	도착 시각

 풀이

답 _____

다음은 주어진 시계 그림과 조건을 활용해서 만든 문제를 보고 풀이 과정과 답을 구한 것입니다.
어떤 문제였을까요? 거꾸로 문제 만들기, 도전해 볼까요? 25점

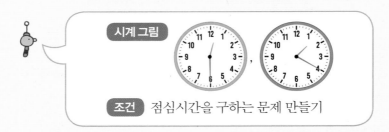

시계 그림

조건 점심시간을 구하는 문제 만들기

☆힌트☆
시작 시각과 끝나는 시각을 확실히 구분
하세요

문제

풀이

점심시간의 시작 시각은 12시 30분이고 끝나는 시각은 1시 20분입니다.

12시 30분에서 30분 후의 시각은 1시이고, 1시부터 20분 후의 시각이 1시 20분이

므로 점심시간은 30+20=50(분)입니다.

답 50분

5. 표와 그래프

핵심유형 1

STEP 1 대표 문제 맛보기

다음은 도영이네 반에서 회장 선거를 한 결과입니다. 결과를 표로 나타내고 회장이 된 사람은 누구인지 풀이 과정을 쓰고, 답을 구하세요. (8점)

> ※ 회장 선거 ※
> 윤주 : ※※ //　　지영 : ※※ ///
> 정호 : ※※　　준형 : ///

1단계 알고 있는 것 (1점)

윤주가 받은 표의 수 : ※※ //　　지영이가 받은 표의 수 : ☐

정호가 받은 표의 수 : ☐　　준형이가 받은 표의 수 : ☐

2단계 구하려는 것 (1점)

회장 선거 결과, 누가 ☐ 이 되었는지 구하려고 합니다.

3단계 문제 해결 방법 (2점)

조사한 결과를 ☐ 로 나타내고 수가 가장 (큰 , 작은) 사람을 구합니다.

4단계 문제 풀이 과정 (3점)

학생별 받은 표의 수를 세어 보면 윤주는 ☐ 표, 지영이는 ☐ 표, 정호는 ☐ 표, 준형이는 ☐ 표이고

합계는 ☐ + ☐ + ☐ + ☐ = ☐ (표)입니다.

자료를 표로 나타내면

학생별 받은 표의 수

이름	윤주	지영	정호	준형	합계
표의 수(표)					

이고, 표의 수를 비교하면 ☐ > 7 > ☐ > 4입니다.

5단계 구하려는 답 (1점)

따라서 회장이 된 사람은 ☐ 입니다.

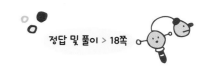

STEP 2 따라 풀어보기 ☆

현우네 반 학생들이 좋아하는 과목을 조사하였습니다. 현우네 반 학생들이 좋아하는 과목별 학생 수를 표로 나타내고 가장 많은 학생들이 좋아하는 과목이 무엇인지 구하려고 합니다. 풀이 과정을 쓰고, 답을 구하세요. (9점)

학생들이 좋아하는 과목

서현	지호	윤서	준서	채원	현우	수아	건우	예은	유찬
국어	체육	국어	체육	수학	체육	국어	수학	음악	체육
우진	수빈	현준	지아	선우	예린	정우	소윤	승현	민지
수학	국어	체육	음악	수학	음악	체육	체육	수학	체육

1단계 알고 있는 것 (1점)

현우네 반 학생들이 좋아하는 [   ]을 학생별로 조사한 결과를 알고 있습니다.

2단계 구하려는 것 (1점)

조사한 것을 [   ]로 나타내고 가장 많은 학생들이 좋아하는 [   ]이 무엇인지 구하려고 합니다.

3단계 문제 해결 방법 (2점)

조사한 자료를 [   ]로 나타내고 수가 가장 (큰 , 작은) 과목을 찾습니다.

4단계 문제 풀이 과정 (3점)

과목별 좋아하는 학생 수를 세어 보면 국어 [   ]명, 수학 [   ]명, 음악 [   ]명, 체육 [   ]명이고

합계는 [   ] + 5 + [   ] + 8 = [   ] (명)입니다.

자료를 표로 나타내면

좋아하는 과목별 학생 수

과목	국어	수학	음악	체육	합계
학생 수(명)					

이고, 표의 수를 비교하면 [   ] > [   ] > 4 > [   ] 입니다.

5단계 구하려는 답 (2점)

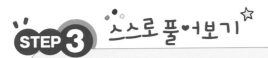

STEP 3 스스로 풀어보기

1. 지우네 반 학생들의 혈액형을 조사하여 나타낸 표입니다. B형인 학생은 몇 명인지 풀이 과정을 쓰고, 답을 구하세요. 10점

지우네 반 학생들의 혈액형별 학생 수

혈액형	A형	B형	O형	AB형	합계
학생 수(명)	6		8	6	24

풀이

B형인 학생을 명이라 하면

☐ + + ☐ + ☐ = ☐ 이고 ☐ + = ☐ 이므로 = ☐ 입니다.

따라서 B형인 학생은 ☐ 명입니다.

답 _____

2. 현수네 반 학생들이 좋아하는 간식을 조사하여 나타낸 표입니다. 치킨을 좋아하는 학생은 몇 명인지 풀이 과정을 쓰고, 답을 구하세요. 15점

현수네 반 학생들이 좋아하는 간식별 학생 수

간식	과자	떡볶이	치킨	피자	합계
학생 수(명)	3	8		6	25

풀이

답 _____

STEP 1 대표 문제 맛보기

윤석이네 반 학생들이 가고 싶은 나라를 조사하여 표로 나타내었습니다. 표를 보고 그래프를 나타낸 뒤, 가고 싶은 나라별 학생 수가 6명보다 더 많은 나라는 어디인지 풀이 과정을 쓰고, 답을 구하세요. (8점)

가고 싶은 나라별 학생 수

나라	미국	프랑스	영국	호주	합계
학생 수(명)	5	7	6	5	23

1단계 알고 있는 것 (1점)

윤석이네 반 학생들이 가고 싶은 [　　] 를 조사하여 표로 나타낸 것을 알고 있습니다.

2단계 구하려는 것 (1점)

가고 싶은 나라별 학생 수가 [　　] 명보다 더 많은 나라를 구하려고 합니다.

3단계 문제 해결 방법 (2점)

표를 보고 [　　] 를 완성한 후, 가고 싶은 나라의 학생 수가 [　　] 명보다 더 많은 나라를 찾아 구합니다.

4단계 문제 풀이 과정 (3점)

학생 수 1명을 ○으로 그려 그래프를 완성하면 다음과 같습니다.

가고 싶은 나라별 학생 수

나라 \ 학생 수(명)	1	2	3	4	5	6	7
호 주	○	○	○	○	○		
영 국							
프랑스							
미 국							

○의 수가 6개보다 더 많은 나라는 [　　] 입니다.

5단계 구하려는 답 (1점)

따라서 가고 싶은 나라별 학생 수가 6명보다 더 많은 나라는 [　　] 입니다.

10월 한 달 동안 날씨별 날수를 조사하여 나타낸 표입니다. 표를 보고 그래프를 완성하고 10월의 날씨 중 비가 온 날은 몇 번째로 많은지 풀이 과정을 쓰고, 답을 구하세요. (9점)

10월 한 달 동안의 날씨별 날수

날씨	맑음	흐림	비	안개	합계
날수(일)	15	6	7	3	31

1단계 알고 있는 것 (1점)　　[　] 월 한 달 동안의 날씨별 [　] 를 나타낸 표가 주어져 있습니다.

2단계 구하려는 것 (1점)　　[　] 월의 날씨 중 [　] 가 온 날은 몇 번째로 많은지 구하려고 합니다.

3단계 문제 해결 방법 (2점)　　표를 보고 [　] 를 완성한 후 10월의 날씨 중 [　] 가 온 날이 몇 번째로 많은지 찾아 구합니다.

4단계 문제 풀이 과정 (3점)　　표를 보고 그래프를 완성하면 다음과 같습니다.

10월 한 달 동안의 날씨별 날수

안개	○	○	○												
비															
흐림															
맑음															
날씨 \ 날수(일)	1	2	3	4	5	6	7	8	9	10	11	12	13	14	15

그래프에서 ○가 가장 많은 날씨부터 나타내면 [　] , [　] , 흐림, [　] 입니다.

5단계 구하려는 답 (2점)　　_____

STEP 3 스스로 풀어보기

1. 골든 벨 퀴즈 대회에서 맞힌 문제 수를 조사하여 나타낸 그래프입니다. 맞힌 문제 수가 서우보다 많고 창용이보다 적은 사람은 누구인지 풀이 과정을 쓰고, 답을 구하세요. (10점)

퀴즈 대회에서 맞힌 문제 수

문제 수 \ 이름	준상	서우	창용	가윤
5			○	
4			○	○
3		○	○	○
2	○	○	○	○
1	○	○	○	○

풀이

서우가 맞힌 문제 수는 ☐ 개이고 ☐ 이가 맞힌 문제 수는 ☐ 개입니다. 맞힌 문제 수가 ☐ 개보다 더 많고 ☐ 개보다 더 적은 사람은 ☐ 개를 맞힌 ☐ 입니다.

답 _____

2. 우진이네 반 친구들이 한 달 동안 읽은 책의 수를 나타낸 그래프입니다. 민채보다 더 많이 읽고 강민이보다 더 적게 읽은 사람은 누구인지 풀이 과정을 쓰고, 답을 구하세요. (15점)

한 달 동안 읽은 책의 수

책 수(권) \ 이름	예림	강민	민채	승원
5		○		
4		○		○
3		○	○	○
2	○	○	○	○
1	○	○	○	○

풀이

답 _____

스스로 문제를 풀어보며 실력을 높여보세요.

1

방학 동안 가고 싶은 장소별 학생 수를 표로 나타낸 것을 보고 ▲를 이용하여 그래프로 나타낼 때, 영화관에 가고 싶은 학생 수를 ▲ 2개로 그렸다면 놀이공원에 가고 싶은 학생 수는 ▲ 몇 개로 그려야 하는지 풀이 과정을 쓰고, 답을 구하세요. (20점)

방학 동안 가고 싶은 장소별 학생 수

장소	영화관	놀이공원	스키장	박물관	합계
학생 수(명)	4		2	8	20

 풀이

힌트로 해결 끝!

표의 빈칸에 알맞은 수는 합계에서 알고 있는 자료의 수를 빼서 구합니다.

▲ 한 개가 몇 명을 나타내는지 구해요.

답 _____

2

수현이네 반 친구들이 좋아하는 동물을 조사한 그래프입니다 그래프를 보고 알 수 없는 내용을 찾아 기호를 쓰려고 합니다. 풀이 과정을 쓰고, 답을 구하세요. (20점)

ㄱ 친구들이 좋아하는 동물의 종류
ㄴ 수현이가 좋아하는 동물

좋아하는 동물별 학생 수

동물 \ 학생 수(명)	1	2	3	4	5
햄스터	○				
고양이	○	○	○	○	○
토끼	○	○	○	○	○
강아지	○	○	○		

 풀이

힌트로 해결 끝!

그래프는 좋아하는 동물별 학생 수를 한 눈에 비교할 수 있어요.

친구들이 좋아하는 동물은 알 수 있을까요?

답 _____

3

생활수학

지율이네 반 학생들이 즐겨보는 TV 프로그램을 조사하여 나타낸 것입니다. 음악을 좋아하는 학생은 영화를 좋아하는 학생보다 1명 더 많다면 음악을 좋아하는 학생은 몇 명인지 풀이 과정을 쓰고, 답을 구하세요. (20점)

즐겨보는 TV 프로그램별 학생 수

프로그램	예능	음악	드라마	뉴스	영화	합계
학생 수(명)	9		6	2		30

풀이

힌트로 해결 끝!

영화를 좋아하는 학생 수
: □명

음악을 좋아하는 학생 수
: (□+1)명

답 _____

4

창의융합

다음 악보는 같은 계이름을 같은 숫자로 적은 것입니다. 숫자별 나온 횟수를 나타낸 표를 만들어 보고, 가장 많이 적은 숫자와 가장 적게 적은 숫자의 횟수의 합은 몇 번인지 풀이 과정을 쓰고, 답을 구하세요. (20점)

5 5 6 6   5 5 3   5 5 3 3   2

5 5 6 6   5 5 3   5 5 2 3   1

풀이

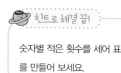

힌트로 해결 끝!

숫자별 적은 횟수를 세어 표를 만들어 보세요.

횟수가 가장 큰 수와 가장 작은 수의 합을 구해요.

답 _____

 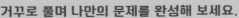 거꾸로 풀며 나만의 문제를 완성해 보세요.

정답 및 풀이 > 20쪽

다음은 그래프와 조건을 활용해서 만든 문제를 보고 풀이 과정과 답을 구한 것입니다. 어떤 문제였을까요? 거꾸로 문제 만들기, 도전해 볼까요? 15점

그래프

좋아하는 책별 학생 수

위인전	○	○				
동화책	○	○	○	○		
소설	○	○	○	○	○	○
만화책	○	○	○	○	○	
책 \ 학생 수(명)	1	2	3	4	5	6

조건 가장 큰 수와 가장 작은 수의 차를 구하는 문제 만들기

★힌트★
○가 가장 많은 것과 가장 적은 것을 찾아요

문제

풀이

가장 많은 학생들이 좋아하는 책은 소설책으로 6명이고 가장 적은 학생들이 좋아하는 책은 위인전으로 2명입니다. 따라서 가장 많은 학생들이 좋아하는 책과 가장 적은 학생들이 좋아하는 책의 학생 수의 차는 6-2=4(명)입니다.

답   4명

6. 규칙 찾기

핵심유형 1

☆ 덧셈표에서 규칙 찾기

STEP 1 대표 문제 맛보기

덧셈표를 완성할 때 8을 써야 하는 칸은 모두 몇 칸인지 풀이 과정을 쓰고, 답을 구하세요. (8점)

+	2	3	4	5
2				
3				
4				
5				

1단계 알고 있는 것 (1점)

색칠한 부분의 가로줄과 세로줄에 2, ☐, 4, ☐가 쓰여 있는 덧셈표를 알고 있습니다.

2단계 구하려는 것 (1점)

덧셈표를 완성할 때 ☐을 써야 하는 칸은 모두 몇 칸인지 구하려고 합니다.

3단계 문제 해결 방법 (2점)

색칠한 부분의 가로줄과 세로줄에 있는 두 수의 (합 , 차)(을)를 빈칸에 씁니다.

4단계 문제 풀이 과정 (3점)

색칠한 부분의 가로줄과 세로줄에 있는 두 수의 합이 ☐인 경우는 ☐ + 5 = 8, 4 + ☐ = 8, ☐ + 3 = 8입니다.

5단계 구하려는 답 (1점)

따라서 ☐을 써야 하는 칸은 ☐칸입니다.

STEP 2 따라 풀어보기 ☆

덧셈표에서 ㉠, ㉡, ㉢, ㉣에 들어갈 수 중에서 가장 큰 수와 가장 작은 수의 합을 구하려고 합니다. 풀이 과정을 쓰고, 답을 구하세요. (9점)

+	1	3	5	7
11				㉣
10		㉠		
9			㉡	
8	㉢			

1단계 알고 있는 것 (1점)

색칠한 부분의 가로줄에 ☐, 3, 5, ☐ 세로줄에 ☐, 10, ☐, 8이 쓰여 있고, 빈칸에 ㉠, ㉡, ㉢, ㉣이 쓰여 있는 덧셈표를 알고 있습니다.

2단계 구하려는 것 (1점)

㉠, ㉡, ㉢, ㉣에 들어갈 수 중에서 가장 ☐ 수와 가장 작은 수의 (합 , 차)(을)를 구하려고 합니다.

3단계 문제 해결 방법 (2점)

㉠, ㉡, ㉢, ㉣에 들어갈 수는 색칠한 부분의 가로줄과 세로줄에 있는 두 수의 (합 , 차)입니다.

4단계 문제 풀이 과정 (3점)

㉠ = ☐ + 10 = ☐ , ㉡ = 5 + ☐ = ☐ ,
㉢ = ☐ + 8 = ☐ , ㉣ = 7 + ☐ = ☐ 이고,
☐ > 14 > ☐ > ☐ 이므로 가장 큰 수는 ☐ 이고
가장 작은 수는 ☐ 입니다.

5단계 구하려는 답 (2점)

STEP 3 스스로 풀어보기 ☆

유형①

1. 덧셈표에 있는 규칙에 맞게 각 기호에 알맞은 수를 써넣으려고 합니다. 각 기호에 알맞은 수를 구하는 풀이 과정을 쓰고, 답을 구하세요. (10점)

	12	13	㉠
㉡	13	㉢	15
13		16	

+	0	1	2	3	4	5
0	0	1	2	3	4	5
1	1	2	3	4	5	6
2	2	3	4	5	6	7
3	3	4	5	6	7	8
4	4	5	6	7	8	9
5	5	6	7	8	9	10

풀이

같은 줄에서 오른쪽으로 갈수록 [　] 씩 커지고 아래쪽으로 내려갈수록 [　] 씩 커집니다.

따라서 ㉠ = [　] , ㉡ = [　] , ㉢ = [　] 입니다.

답   ㉠ :　　　　　㉡ :　　　　　㉢ :

2. 덧셈표에 있는 규칙에 맞게 각 기호에 알맞은 수를 써넣으려고 합니다. 각 기호에 알맞은 수를 구하는 풀이 과정을 쓰고, 답을 구하세요. (15점)

㉠	14		㉡
14	㉢	㉣	17
	16	17	

+	0	1	2	3	4	5
0	0	1	2	3	4	5
1	1	2	3	4	5	6
2	2	3	4	5	6	7
3	3	4	5	6	7	8
4	4	5	6	7	8	9
5	5	6	7	8	9	10

풀이

답   ㉠ :　　　㉡ :　　　㉢ :　　　㉣ :

STEP 1 대표 문제 맛보기

곱셈표를 보고 노란색으로 칠해진 수들의 규칙을 잘못 설명한 사람은 누구인지 풀이 과정을 쓰고, 답을 구하세요. (8점)

현준 오른쪽으로 갈수록 3씩 커집니다.
지윤 3의 단 곱셈구구의 곱입니다.
건우 홀수가 반복됩니다.

×	5	6	7	8
1	5	6	7	8
2	10	12	14	16
3	15	18	21	24
4	20	24	28	32

1단계 알고 있는 것 (1점)

현준 : 오른쪽으로 갈수록 [ ]씩 커집니다.

지윤 : [ ]의 단 곱셈구구의 곱입니다.

건우 : [ ]가 반복됩니다.

2단계 구하려는 것 (1점)

노란색으로 칠해진 수들의 [ ]을 (바르게 , 잘못) 설명한 사람을 구하려고 합니다.

3단계 문제 해결 방법 (2점)

각 단의 수는 오른쪽으로 갈수록 단의 수만큼 (커집니다 , 작아집니다).

4단계 문제 풀이 과정 (3점)

노란색으로 칠해진 수들은 [ ]의 단 곱셈구구로 곱하는 수가 1씩 커지면 곱은 [ ]씩 커지므로 (오른쪽 , 왼쪽)으로 갈수록 [ ]씩 커집니다. 15, 18, 21, 24는 홀수, 짝수, 홀수, 짝수로 [ ]와 짝수가 반복됩니다.

5단계 구하려는 답 (1점)

따라서 규칙을 잘못 설명한 사람은 [ ]입니다.

곱셈표를 보고 파란색 선 안의 수들의 규칙으로 틀린 것을 찾아 기호를 쓰려고 합니다.
풀이 과정을 쓰고, 답을 구하세요. (9점)

×	4	5	6	7
4	16	20	24	28
5	20	25	30	35
6	24	30	36	42
7	28	35	42	49

㉠ 모두 짝수입니다.
㉡ 5의 단 곱셈구구의 곱과 같습니다.
㉢ 아래쪽으로 내려갈수록 6씩 커집니다.

1단계 알고 있는 것 (1점)   ㉠ 모두 [   ] 입니다.   ㉡ [   ]의 단 곱셈구구의 곱과 같습니다.

㉢ 아래쪽으로 내려갈수록 [   ]씩 커집니다.

2단계 구하려는 것 (1점)   곱셈표에서 [   ] 선 안의 수들의 규칙으로 (옳은 , 틀린) 것을
찾으려고 합니다.

3단계 문제 해결 방법 (2점)   24, 30, 36, 42에서 수가 (커지는 , 작아지는) 규칙을 찾습니다.

4단계 문제 풀이 과정 (3점)   파란색 선 안의 수들은 24, [   ], 36, [   ] 입니다. 이 수들은

모두 [   ] 이고 [   ]의 단 곱셈구구의 곱과 같으며 [   ]씩 커

집니다.

5단계 구하려는 답 (2점)   _____

STEP 3 스스로 풀어보기 ☆

유형 ❷

1. 곱셈표에 있는 규칙에 맞게 각 기호에 알맞은 수를 써넣으려고 합니다.
각 기호에 알맞은 수를 구하는 풀이 과정을 쓰고, 답을 구하세요. (10점)

		㉠
30	35	40
36	42	㉡

×	1	2	3	4	5	6
1	1	2	3	4	5	6
2	2	4	6	8	10	12
3	3	6	9	12	15	18
4	4	8	12	16	20	24
5	5	10	15	20	25	30
6	6	12	18	24	30	36

풀이

곱셈표에서 각 단의 수는 곱하는 수가 1씩 커지면 곱한 단의 수만큼 커지는 규칙이 있습니다. 36, 42, ㉡은 [ ]씩 커지므로 ㉡은 [ ]입니다. ㉠, 40, 48은 아래쪽으로 내려갈수록 8씩 커지므로 ㉠은 32입니다. 따라서 ㉠은 [ ], ㉡은 [ ]입니다.

답   ㉠ :   ㉡ :

2. 곱셈표에 있는 규칙에 맞게 각 기호에 알맞은 수를 써넣으려고 합니다.
각 기호에 알맞은 수를 구하는 풀이 과정을 쓰고, 답을 구하세요. (15점)

	18	21	㉠
20	24	㉡	
25	30		

×	1	2	3	4	5	6
1	1	2	3	4	5	6
2	2	4	6	8	10	12
3	3	6	9	12	15	18
4	4	8	12	16	20	24
5	5	10	15	20	25	30
6	6	12	18	24	30	36

풀이

답   ㉠ :   ㉡ :

STEP 1 대표 문제 맛보기

규칙에 따라 색칠한 모양입니다. 다음에 올 모양은 무엇인지 보기에서 골라 기호로 답하려고 합니다. 풀이 과정을 쓰고, 답을 구하세요. 8점

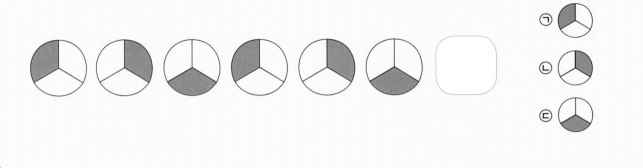

1단계 알고 있는 것 1점 　□에 따라 색칠한 모양을 알고 있습니다.

2단계 구하려는 것 1점 　다음에 올 모양은 무엇인지 보기에서 골라 □로 답하려고 합니다.

3단계 문제 해결 방법 2점 　색칠된 모양을 보고 반복되는 □을 찾습니다.

4단계 문제 풀이 과정 3점 　(시계 , 시계반대) 방향으로 한 칸씩 이동하며 색칠하는 규칙으로

 모양이 반복됩니다. (규칙에 맞게 색칠해 보세요.)

5단계 구하려는 답 1점 　따라서 다음에 올 모양은 □입니다.

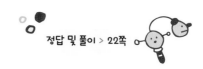

STEP 2 따라 풀어보기 ☆

지은이가 구슬을 꿰어 만든 목걸이입니다. 규칙을 찾아 빈 곳에 알맞은 색의 구슬을 꿰려고 할 때, ㉠ 과 ㉡의 구슬은 무슨 색인지 무엇인지 풀이 과정을 쓰고, 답을 구하세요. (9점)

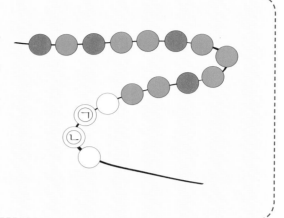

1단계 알고 있는 것 (1점)   지은이가 만든 [ ] 가 주어져 있습니다.

2단계 구하려는 것 (1점)   ㉠과 [ ] 의 구슬의 [ ] 을 구하려고 합니다.

3단계 문제 해결 방법 (2점)   빨간색 구슬 사이의 [ ] 색 구슬 수의 [ ] 을 찾습니다.

4단계 문제 풀이 과정 (3점)   빨간색 구슬과 [ ] 색 구슬이 반복되고, 빨간색 구슬 사이에 있는

파란색 구슬이 1개에서 시작하여 [ ] 개씩 늘어나는 규칙입니다.

파란색 구슬의 수는 1개, [ ] 개, 3개, [ ] 개……가 됩니다.

5단계 구하려는 답 (2점)

123
이것만 알면
문제 해결 OK!

📌 **규칙 알아보기**

☆ 반복되는 규칙

● ● ● ● ● ● ● ● ● ●

☆ 증가하는 규칙

● ● ● ● ● ● ● ● ●

☆ 회전하는 규칙

◀ ▲ ▶ ▼ ◀ ▲ ▶ ▼ ◀ ▲

STEP 3 스스로 풀어보기

유형 ③

1. 규칙을 찾아 11번째 모양은 ★, ♥, ◆모양 중 무엇인지 구하려고 합니다. 풀이 과정을 쓰고, 답을 구하세요. (10점)

★	♥	◆	★	♥	◆	★	♥	◆	★

풀이

◻, ◻, ◻ 모양이 반복되는 규칙입니다.

따라서 10번째 모양은 ◻ 이므로 11번째 모양은 ◻ 입니다.

답 _____

2. 규칙을 찾아 13번째 모양을 그리려고 합니다. 풀이 과정을 쓰고, 답을 구하세요. (15점)

●	♥	♣	●	♥	♣	●	♥	♣	●

풀이

답 _____

STEP 1 대표 문제 맛보기

영준이가 규칙에 맞게 쌓기나무로 쌓은 모양입니다. 다음 빈 곳에 쌓을 모양은 쌓기나무 몇 개를 사용해야 하는지 풀이 과정을 쓰고, 답을 구하세요. (8점)

1단계 알고 있는 것 (1점)   영준이가 규칙에 맞게 [   ]로 쌓은 모양을 알고 있습니다.

2단계 구하려는 것 (1점)   빈 곳에 쌓을 모양은 [   ] 몇 개를 사용해야 하는지 구하려고 합니다.

3단계 문제 해결 방법 (2점)   영준이가 쌓은 모양의 규칙과 사용한 [   ]의 개수를 세어 봅니다.

4단계 문제 풀이 과정 (3점)   첫 번째 모양과 두 번째 모양이 반복되는 규칙이고 첫 번째 모양은

쌓기나무 [   ]개, 두 번째 모양은 쌓기나무 [   ]개로 쌓은 모양입니다.

빈 곳에 쌓을 모양은 (첫 , 두) 번째 모양과 같습니다.

5단계 구하려는 답 (1점)   따라서 빈 곳에 쌓을 모양은 쌓기나무 [   ]개를 사용해야 합니다.

현석이가 쌓기나무로 쌓은 모양입니다. 쌓은 모양을 보고 잘못 설명한 사람은 누구인지
풀이 과정을 쓰고, 답을 구하세요. (9점)

> **연두** 쌓기나무를 서로 엇갈리게 쌓았습니다.
>
> **석주** 윗층으로 올라갈수록 쌓기나무가 1개씩 줄어듭니다.
>
> **나래** 윗층으로 올라갈수록 쌓기나무가 2개씩 줄어듭니다.

1단계 알고 있는 것 (1점) 현석이가 [   ]로 쌓은 모양

2단계 구하려는 것 (1점) 현석이가 쌓은 모양을 보고 (바르게 , 잘못) 설명한 사람이 누구인지
구하려고 합니다.

3단계 문제 해결 방법 (2점) 현석이가 쌓기나무로 쌓은 [   ]과 개수의 규칙을 찾습니다.

4단계 문제 풀이 과정 (3점) 현석이가 쌓기나무로 쌓은 모양은 쌓기나무는 1층에 [   ]개, 2층
에 [   ]개, 3층에 [   ]개, 4층에 [   ]개로 위로 올라갈수록 1개
씩 (줄어들고 , 늘어나고) 있습니다. 또 쌓기나무를 서로 엇갈리게 쌓
았습니다.

5단계 구하려는 답 (2점) _____

STEP 3 스스로 풀어보기 ☆

1. 규칙에 따라 쌓기나무를 쌓았습니다. 규칙을 설명하고 쌓기나무를 4층으로 쌓으려면 쌓기나무는 몇 개 필요한지 풀이 과정을 쓰고, 답을 구하세요. (10점)

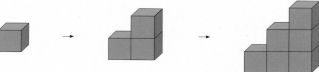

풀이

쌓기나무가 1개에서 아래로 내려가면서 □ 개씩 늘어나는 규칙입니다.

쌓기나무를 4층으로 쌓으려면 1층에 □ 개, 2층에 □ 개, 3층에 □ 개, 4층에

□ 개가 필요합니다. 따라서 쌓기나무는 □ + □ + □ + □ = □ (개)가

필요합니다.

답 _____

2. 규칙에 따라 쌓기나무를 쌓았습니다. 규칙을 설명하고 네 번째 모양에 쌓은 쌓기나무는 모두 몇 개 필요한지 풀이 과정을 쓰고, 답을 구하세요. (15점)

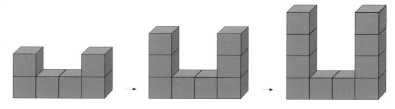

풀이

답 _____

1

유형①+④

쌀기나무를 그림과 같이 5층까지 쌓고 수를 썼습니다. 같은 방법으로 6층까지 쌓았을 때 1층에 놓은 쌀기나무는 몇 개이고 1층의 왼쪽부터 세 번째에 있는 쌀기나무에는 어떤 수를 써야 하는지 차례로 구하려고 합니다. 풀이 과정을 쓰고, 답을 구하세요. 20점

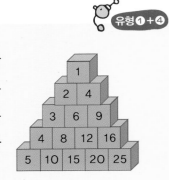

힌트로 해결 끝!

각 층의 가장 왼쪽에는 1, 2, 3, 4, 5가 있어요.

풀이

답

2

유형①+③

다음 그림에 적힌 수를 보고 다음과 같이 어떤 규칙으로 표를 만들었습니다. ㉠, ㉡, ㉢에 어떤 수가 들어가야 하는지 풀이 과정을 쓰고, 답을 구하세요. 20점

9	6	3	0	7	4	㉠	㉡	㉢

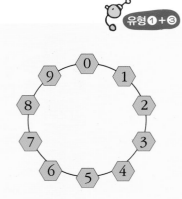

힌트로 해결 끝!

시계 반대 방향 / 시계 방향

풀이

답 ㉠:   ㉡:   ㉢:

3

운동회를 하기 위해 학교 운동장에 만국기를 걸어 놓았습니다. 만국기를 보고 바르게 설명한 것을 찾아 기호를 쓰려고 합니다. 풀이 과정을 쓰고, 답을 구하세요. (20점)

㉠ 한국-중국-일본의 국기가 반복되는 규칙입니다.

㉡ 미국-캐나다-브라질-캐나다의 국기가 반복되는 규칙입니다.

㉢ 나이지리아-이집트-케냐의 국기가 반복되는 규칙입니다.

풀이

한트로 해결 끝!

한국, 중국, 일본의 국기는 잘 알겠죠?

다른 나라의 국기를 볼까요?

나이지리아

케냐

이집트

브라질

답

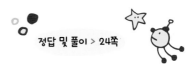

창의융합

4

'반전'은 완전히 바뀐다는 뜻을 가지고 있는 낱말입니다. 설아는 반전을 이용한 마술 쇼를 관람하러 공연장에 갔습니다. 마술사가 왼쪽 무늬를 마술 모자에 넣었다가 뺐었더니 오른쪽 무늬로 바뀌었습니다.

힌트로 해결 끝!

흰색은 파란색으로, 파란색은 흰색으로 반전됐어요.

색을 서로 바꾸어 색칠해요.

마술 모자에 다음 무늬를 넣었다가 빼면 어떤 무늬가 되는지 풀이 과정을 쓰고, 색칠해 보세요. 20점

 풀이

답

나만의 문제 만들기

거꾸로 풀며 나만의 문제를 완성해 보세요.

모를 때 찍어봐!

다음은 주어진 그림과 조건을 활용해서 만든 문제를 보고 풀이 과정과 답을 구한 것입니다.
어떤 문제였을까요? 거꾸로 문제 만들기, 도전해 볼까요? 15점

그림

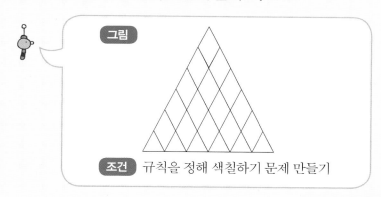

조건 규칙을 정해 색칠하기 문제 만들기

힌트
나만의 무늬를 꾸미는 질문을 만들어요

문제

풀이

윗줄부터 노란색-빨간색-파란색을 번갈아가며 색칠하는 규칙입니다.

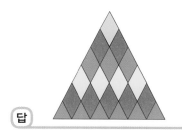

답

MEMO

MEMO

MEMO

교육부 지정 초등필수 영단어 시리즈

듣고 따라하는
원어민 발음

①	②	③	④	⑤
단어와 이미지가 함께 머릿속에!	패턴 연습으로 문장까지 쏙쏙 암기	다양한 게임으로 공부와 재미를 한 번에	단어 고르기와 빈칸 채우기로 복습!	책 속의 워크북 쓰기 연습과 문제풀이로 마무리

초등필수 영단어 시리즈 1~2학년 3~4학년 5~6학년 초등교재개발연구소 지음 | 192쪽 | 각 권 11,000원

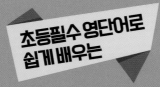

초등필수 영단어로 쉽게 배우는 **초등필수 영문법+쓰기**

창의력 향상 워크북이 들어 있어요!

교육부 초등 권장 어휘 + 학년별 필수 표현 활용

- "창의융합"과정을 반영한 **영문법+쓰기**
- ★ 초등필수 영단어를 활용한 **어휘탄탄**
- 핵심 문법의 기본을 탄탄하게 잡아주는 **기초탄탄+기본탄탄**
- ★ 기초 영문법을 통해 문장을 배워가는 **실력탄탄+영작탄탄**
- 창의적 활동으로 응용력을 키워주는 **응용탄탄**
  (퍼즐, 미로 찾기, 도형 맞추기, 그림 보고 어휘 추측하기 등)

초등필수 영문법 + 쓰기 시리즈   1권 넥서스영어교육연구소 지음 | 236쪽 | 12,000원   2권 넥서스영어교육연구소 지음 | 212쪽 | 12,000원

초등수학

한 권으로

서술형

끝

정답

4

초등수학
2-2과정

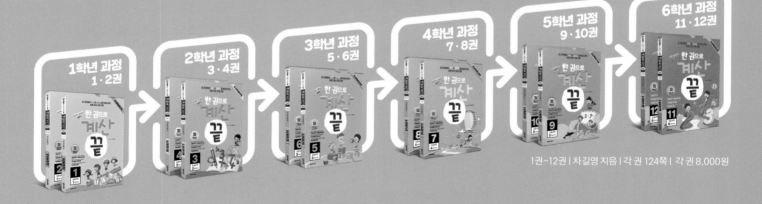

초등수학

한 권으로 서술형 끝

정답

4

초등수학
2-2 과정

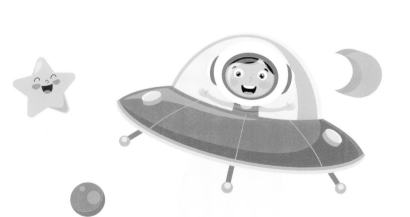

넥서스에듀

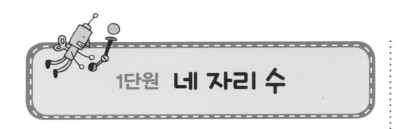

1단원 네 자리 수

 **핵심유형 1** 네 자리 수

STEP 1 .... P. 12

1단계 4, 6, 5

2단계 마트

3단계 4, 6 / 5

4단계 4000 / 600, 50 / 4650

5단계 4650

STEP 2 .... P. 13

1단계 8, 9, 3

2단계 저금통

3단계 8, 9 / 3

4단계 8000 / 900, 30 / 8930

5단계 따라서 정우가 모은 돈은 모두 8930원입니다.

STEP 3 .... P. 14

❶

풀이 2900, 2900, 2, 9 / 7 / 9, 8, 3, 7983

답 7983

오답 제로를 위한 **채점 기준표**

	세부 내용	점수
풀이 과정	① 100이 29개인 수는 2900임을 나타낸 경우	2
	② 2900은 1000이 2개, 100이 9개임을 나타낸 경우	1
	③ 1000이 5개, 100이 29개, 10이 8개, 1이 3개인 수는 1000이 7개, 100이 9개, 10이 8개, 1이 3개인 수와 같음을 나타낸 경우	3
	④ 이 수를 7983이라고 쓴 경우	3
답	7983이라고 쓴 경우	1
	총점	10

❷

풀이 10이 36개인 수는 360이고 360은 100이 3개, 10이 6개인 수입니다. 따라서 1000이 4개, 100이 3개, 10이 36개, 1이 7개인 수는 1000이 4개, 100이 6개, 10이 6개, 1이 7개인 수로 4667입니다.

답 4667

오답 제로를 위한 **채점 기준표**

	세부 내용	점수
풀이 과정	① 10이 36개인 수는 360이라고 나타낸 경우	2
	② 360은 100이 3개, 10이 6개인 수라고 나타낸 경우	2
	③ 1000이 4개, 100이 3개, 10이 36개, 1이 7개인 수는 1000이 4개, 100이 6개, 10이 6개, 1이 7개인 수라고 나타낸 경우	4
	④ 이 수를 4667이라고 쓴 경우	5
답	4667이라고 쓴 경우	2
	총점	15

 **핵심유형 2** 네 자리 수의 각 자리 숫자가 나타내는 값

STEP 1 .... P. 15

1단계 5, 7 / 3, 9

2단계 5, 7, 네

3단계 5, 7 / 십

4단계 5, 7 / 3, 십 / 5739, 5793

5단계 5739, 5793

STEP 2 .... P. 16

1단계 4647, 5927, 5872

2단계 천, 작은

3단계 천

4단계 천 / <, > / <, <, > / 천, 2684 / 5927

5단계 따라서 천의 자리 숫자가 일의 자리 숫자보다 작은 수는 모두 3개입니다.

❶

풀이 70, 700, 7000, 4876

답 4876

오답 제로를 위한 **채점 기준표**		
	세부 내용	점수
풀이 과정	① 4876에서 숫자 7은 70을 나타낸다고 한 경우	2
	② 2795에서 숫자 7은 700을 나타낸다고 한 경우	2
	③ 7523에서 숫자 7은 7000을 나타낸다고 한 경우	2
	④ 숫자 7이 나타내는 값이 가장 작은 수를 4876이라고 한 경우	2
답	4876이라고 쓴 경우	2
총점		10

❷

풀이 5632에서 숫자 3은 십의 자리 숫자이므로 30을 나타내고, 1389에서 숫자 3은 백의 자리 숫자이므로 300을 나타냅니다. 3262에서 숫자 3은 천의 자리 숫자이므로 3000을 나타내고, 8723에서 숫자 3은 일의 자리 숫자이므로 3을 나타냅니다. 3 < 30 < 300 < 3000이므로 숫자 3이 나타내는 값이 가장 큰 수는 3262입니다.

답 3262

오답 제로를 위한 **채점 기준표**		
	세부 내용	점수
풀이 과정	① 5632에서 숫자 3은 30을 나타낸다고 한 경우	3
	② 1389에서 숫자 3은 300을 나타낸다고 한 경우	3
	③ 3262에서 숫자 3은 3000을 나타낸다고 한 경우	3
	④ 8723에서 숫자 3은 3을 나타낸다고 한 경우	3
	⑤ 3이 나타내는 값이 가장 큰 수는 3262라고 쓴 경우	1
답	3262라고 쓴 경우	2
총점		15

 핵심유형 ③ 뛰어서 세기

1단계 1000, 7

2단계 심부름, 7

3단계 1000, 1

4단계 2000, 3000, 5000 / 7000

5단계 7000

1단계 4, 2 / 7, 9

2단계 1000, 4

3단계 1000, 4

4단계 4, 2 / 7, 9, 4279 / 4279, 4 / 1 / 5279, 7279, 8279

5단계 따라서 이 수(4279)부터 1000씩 4번 뛰어서 센 수는 8279입니다.

❶

풀이 1, 5 / 8236, 8256, 8266 / 8266 / 1 / 8266, 7266, 5266 / 5266

답 5266

오답 제로를 위한 **채점 기준표**		
	세부 내용	점수
풀이 과정	① 승미가 말한 수를 8266이라고 한 경우	4
	② 규현이가 말한 수는 5266이라고 한 경우	5
답	5266이라고 쓴 경우	1
총점		10

❷

풀이 100씩 뛰어서 센 수는 백의 자리 숫자가 1씩 커집니다. 2020에서 100씩 4번 뛰어서 센 수는 2020-2120-2220-2320-2420이므로 민영이가 말한 수는 2420입니다. 10씩 거꾸로 뛰어서 세면 십의 자리 숫자가 1씩 작아집니다. 2420에서 10씩 거꾸로 5번 뛰어서 센 수는 2420-2410-2400-2390-2380-2370이므로 따라서 은우가 말한 수는 2370입니다.

답 2370

오답 제로를 위한 **채점 기준표**		
	세부 내용	점수
풀이 과정	① 민영이가 말한 수를 2420이라고 나타낸 경우	6
	② 은우가 말한 수는 2370이라고 나타낸 경우	7
답	2370이라고 쓴 경우	2
총점		15

 제시된 풀이는 **모범답안**이므로 채점 기준표를 참고하여 채점하세요.

 **크기 비교**

P. 21

STEP 1

1단계 4892, 5317, 4868

2단계 적은

3단계 작은

4단계 5317, 5317, 천 / 십, 9, 6, 4892 / 4868

5단계 (다)

P. 22

STEP 2

1단계 1973, 1989, 1892

2단계 많이

3단계 큰

4단계 천, 1892, 천 / 7, 8, 1973, 1989 / 1892, 1989

5단계 따라서 가장 많이 심은 튤립부터 순서대로 나타내면 노란색 튤립, 빨간색 튤립, 주황색 튤립입니다.

P. 23

STEP 3

❶

풀이 6243, 6200 / 6273, 6273, 6200 / ㉢, ㉡ / ㉢, ㉠, ㉡

답 ㉢, ㉠, ㉡

오답 제로를 위한 **채점 기준표**

	세부 내용	점수
풀이 과정	① 6273보다 30만큼 더 작은 수는 6243이라고 나타낸 경우	2
	② 10이 620개인 수는 6200이라고 나타낸 경우	2
	③ 5273보다 1000 큰 수는 6273이라고 나타낸 경우	2
	④ 6200<6243<6273이라고 표현한 경우	2
	⑤ 큰 수부터 차례로 ㉢, ㉠, ㉡이라고 쓴 경우	1
답	㉢, ㉠, ㉡이라고 쓴 경우	1
총점		**10**

❷

풀이 7629보다 1만큼 더 큰 수는 7630입니다. 7597보다 30만큼 더 큰 수는 7627입니다. 10이 760개인 수는 7600입니다. 세 수의 크기를 비교하면 7600<7627<7630이므로 ㉢<㉡<㉠입니다. 따라서 작은 수부터 차례대로 기호를 쓰면 ㉢, ㉡, ㉠입니다.

답 ㉢, ㉡, ㉠

오답 제로를 위한 **채점 기준표**

	세부 내용	점수
풀이 과정	① 7629보다 1만큼 더 큰 수는 7630이라고 나타낸 경우	3
	② 7597보다 30만큼 더 큰 수는 7627이라고 나타낸 경우	3
	③ 10이 760개인 수는 7600이라고 나타낸 경우	3
	④ 7600<7627<7630이라고 표현한 경우	2
	⑤ 작은 수부터 차례로 ㉢, ㉡, ㉠이라고 쓴 경우	2
답	㉢, ㉡, ㉠이라고 쓴 경우	2
총점		**15**

 P. 24

❶

풀이 천의 자리 숫자가 같고, 십의 자리 숫자를 비교하면 2>0이므로 □<6입니다. □안에 들어갈 수 있는 수는 0, 1, 2, 3, 4, 5입니다. 따라서 □안에 들어갈 수 있는 가장 큰 수는 5입니다.

답 5

오답 제로를 위한 **채점 기준표**

	세부 내용	점수
풀이 과정	① 십의 자리 숫자를 비교하면 2>0으로 나타낸 경우	4
	② □<6으로 나타낸 경우	5
	③ □ 안에 들어갈 수 있는 수는 0, 1, 2, 3, 4, 5라고 쓴 경우	5
	④ □ 안에 들어갈 수 있는 가장 큰 수는 5라고 쓴 경우	4
답	5라고 쓴 경우	2
총점		**20**

❷

풀이 6236에서 100씩 거꾸로 5번 뛰어서 세면 6236-6136-6036-5936-5836-5736이고, 5736에서 10씩 4번 뛰어서 세면 5736-5746-5756-5766-5776입니다. 따라서 어떤 수는 5776입니다. 5776의 천의 자리 숫자 5는 5000을 나타냅니다.

답 어떤 수 : 5776, 천의 자리 숫자가 나타내는 값 : 5000

오답 제로를 위한 **채점 기준표**

	세부 내용	점수
풀이 과정	① 6236에서 100씩 거꾸로 5번 뛰어서 센 수를 5736으로 나타낸 경우	6
	② 5736에서 10씩 4번 뛰어서 센 수를 5776으로 나타낸 경우	6
	③ 5776의 천의 자리 숫자는 5이고 5000을 나타낸 경우	6
답	어떤 수 : 5776, 천의 자리 숫자가 나타내는 값 : 5000이라고 모두 쓴 경우	2
	총점	20

❸

풀이 천의 자리 숫자는 8이므로 네 자리 수는 8○○○입니다. 백의 자리 숫자는 천의 자리 숫자보다 3만큼 더 작아 8-3=5이므로 네 자리 수는 85○○입니다. 십의 자리 숫자는 70을 나타내므로 7이고, 네 자리 수는 857○입니다. 일의 자리 숫자는 백의 자리 숫자보다 2만큼 더 크므로 5+2=7이고 네 자리 수는 8577입니다. 따라서 수정이가 구한 네 자리 수는 8577입니다.

답 8577

오답 제로를 위한 **채점 기준표**

	세부 내용	점수
풀이 과정	① 천의 자리 숫자는 8이므로 8○○○이라고 나타낸 경우	3
	② 백의 자리 숫자는 천의 자리 숫자보다 3 작으므로 85○○이라고 나타낸 경우	4
	③ 십의 자리 숫자는 70을 나타내므로 857○로 나타낸 경우	4
	④ 일의 자리 숫자는 백의 자리 숫자보다 2 크므로 8577로 나타낸 경우	4
	⑤ 수정이가 구한 네 자리 수는 8577이라고 쓴 경우	3
답	8577이라고 쓴 경우	2
	총점	20

❹

풀이 수의 크기가 작을수록 먼저 일어난 일입니다. 네 수의 천, 백의 자리 숫자는 같으므로 십의 자리를 비교하면 1<2<3<4이므로 1418<1420<1434<1446입니다. 따라서 먼저 한 일부터 기호를 순서대로 쓰면 ㉢, ㉡, ㉠, ㉣입니다.

답 ㉢, ㉡, ㉠, ㉣

오답 제로를 위한 **채점 기준표**

	세부 내용	점수
풀이 과정	① 1434, 1420, 1418, 1446의 수의 십의 자리 크기를 비교한 경우	6
	② 십의 자리를 비교하면 1418<1420<1434<1446이라고 나타낸 경우	6
	③ 기호를 순서대로 쓰면 ㉢, ㉡, ㉠, ㉣이 됨을 나타낸 경우	6
답	㉢, ㉡, ㉠, ㉣이라고 나타낸 경우	2
	총점	20

.... P. 26

문제 영민이의 저금통에는 5000원이 들어 있습니다. 영민이가 매일 500원씩 저금한다면 며칠 후에 9000원이 되는지 풀이 과정을 쓰고, 답을 구하세요.

오답 제로를 위한 **채점 기준표**

	세부 내용	점수
문제	① 5000, 9000, 500의 수가 표현된 경우	7
	② 뛰어서 세기로 해결할 수 있는 문제를 만든 경우	8
	총점	15

제시된 풀이는 모범답안이므로
채점 기준표를 참고하여 채점하세요.

2단원 곱셈구구

 2의 단, 5의 단 곱셈구구

STEP 1 .... P. 28

1단계	4
2단계	다리
3단계	2, 곱합니다
4단계	2 / 2, 4 / 8
5단계	8

STEP 2 .... P. 29

1단계	5, 8
2단계	책꽂이, 책
3단계	5, 곱합니다
4단계	5, 8 / 40
5단계	따라서 책꽂이에는 모두 40권의 책을 꽂을 수 있습니다.

STEP 3 .... P. 30

❶

풀이   5, 6, 30 / 30 / 32, 30, 2

답   2개

세부 내용		점수
풀이 과정	① 5×6=30이라고 계산한 경우	3
	② 남은 사탕의 수를 32-30으로 나타낸 경우	3
	③ 친구들에게 나누어 주고 남은 사탕은 2개라고 한 경우	3
답	2개라고 쓴 경우	1
총점		10

❷

풀이   (나누어 준 색 도화지의 수)=(한 사람에게 준 색 도화지 수)×(사람 수)=5×9=45(장)입니다. 50장 중 45장을 나누어 주었으므로 남은 색 도화지의 수는 50-45 =5(장)입니다.

답   5장

세부 내용		점수
풀이 과정	① 나누어 준 색도화지는 5×9=45(장)라고 나타낸 경우	5
	② 남은 수를 50-45로 나타낸 경우	5
	③ 나누어 주고 남은 색도화지는 5장이라고 쓴 경우	3
답	5장이라고 쓴 경우	2
총점		15

 3의 단, 6의 단 곱셈구구

STEP 1 .... P. 31

1단계	3, 5
2단계	달걀
3단계	달걀, 곱합니다
4단계	3, 5, 15
5단계	15

STEP 2 .... P. 32

1단계	6, 8
2단계	8
3단계	8, 곱합니다
4단계	6, 8, 48
5단계	따라서 의자 8개에는 모두 48명이 앉을 수 있습니다.

STEP 3 .... P. 33

❶

풀이   3, 9 / 3, 9 / 27 / 27

답   27개

	세부 내용	점수
풀이 과정	① 9대의 세발자전거의 바퀴 수를 3×9로 나타낸 경우	4
	② 3×9=27로 계산한 경우	3
	③ 9대의 세발자전거의 바퀴는 모두 27개라고 쓴 경우	2
답	27개라고 쓴 경우	1
	총점	10

오답 제로를 위한 **채점 기준표**

❷

풀이 개미 한 마리의 다리 수는 6개입니다. 개미가 8마리이므로 (개미의 다리 수)=(개미 한 마리의 다리 수)×(개미 수)= 6×8=48(개)

따라서 개미 8마리의 다리는 모두 48개입니다.

답 48개

오답 제로를 위한 **채점 기준표**

	세부 내용	점수
풀이 과정	① 8마리의 개미 다리 수를 6×8로 나타낸 경우	6
	② 6×8=48이라고 계산한 경우	4
	③ 8마리의 다리는 모두 48개라고 쓴 경우	3
답	48개라고 쓴 경우	2
	총점	15

 **핵심유형 3** **4의 단, 8의 단 곱셈구구**

STEP 1 ⋯⋯⋯ P. 34

1단계 4, 8, 8, 4

2단계 서연, 비교

3단계 곱하여, 비교

4단계 4, 8, 32 / 8, 4, 32

5단계 같습니다

STEP 2 ⋯⋯⋯ P. 35

1단계 8, 40

2단계 40, 8, 상자

3단계 상자, 곱한

4단계 8, 40 / 5, 40, 5

5단계 따라서 상자는 5개 필요합니다.

STEP 3 ⋯⋯⋯ P. 36

❶

풀이 8, 32 / 8, 40 / 32, 40, 72

답 72개

오답 제로를 위한 **채점 기준표**

	세부 내용	점수
풀이 과정	① 어제 나누어 준 딱지 수를 4×8=32(개)라고 계산한 경우	3
	② 오늘 나누어 준 딱지 수를 8×5=40(개)이라고 계산한 경우	3
	③ 어제와 오늘 나누어 준 딱지는 32+40=72(개)라고 계산하여 쓴 경우	3
답	72개라고 쓴 경우	1
	총점	10

❷

풀이 (각 반이 받은 색종이의 수)=(한 모둠이 받은 색종이 수)×(모둠 수)입니다. 1반 학생들이 받은 색종이 수는 8×6=48(장)이고, 2반 학생들이 받은 색종이 수는 4×9=36(장)입니다. 따라서 1반과 2반 학생들이 받은 색종이는 모두 48+36=84(장)입니다.

답 84장

오답 제로를 위한 **채점 기준표**

	세부 내용	점수
풀이 과정	① 1반이 받은 색종이 수를 8×6=48(장)이라고 계산한 경우	4
	② 2반이 받은 색종이 수를 4×9=36(장)이라고 계산한 경우	4
	③ 1반과 2반 학생들이 받은 색종이를 모두 48+36=84(장)이라고 계산하여 쓴 경우	5
답	84장이라고 쓴 경우	2
	총점	15

 제시된 풀이는 **모범답안**이므로 **채점 기준표**를 참고하여 채점하세요.

 **7의 단, 9의 단 곱셈구구**

STEP 1 .... P. 37

1단계 9, 4 / 9, 3

2단계 오렌지, 잘못된

3단계 잘못

4단계 9, 9, 9, 9, 36 / 9, 3, 27 / 27

5단계 소현

STEP 2 .... P. 38

1단계 7, 8

2단계 색종이

3단계 곱합니다

4단계 7, 8, 56

5단계 따라서 8명에게 나누어 줄 색종이는 모두 56장 필요합니다.

STEP 3 .... P. 39

❶

풀이 9, 4, 36 / 36, 42

답 42살

오답 제로를 위한 **채점 기준표**

	세부 내용	점수
풀이 과정	① 명현이의 나이의 4배는 9×4=36(살)이라고 나타낸 경우	3
	② 명현이 아버지의 나이는 36+6=42(살)이라고 계산한 경우	4
답	42살이라고 쓴 경우	1
	총점	8

❷

풀이 주원이 동생의 나이의 6배는 7×6=42(살)입니다. 주원이 어머니의 나이는 주원이 동생의 나이의 6배보다 3살 더 적으므로 42-3=39(살)입니다.

답 39살

오답 제로를 위한 **채점 기준표**

	세부 내용	점수
풀이 과정	① 주원이 동생의 나이의 6배는 7×6=42(살)라고 나타낸 경우	7
	② 주원이 어머니의 나이는 42-3=39(살)라고 계산한 경우	6
답	39살이라고 쓴 경우	2
	총점	15

 .... P. 40

❶

풀이 닭 한 마리의 다리 수는 2개이므로 닭 8마리의 다리 수는 2×8=16(개)입니다. 염소 한 마리의 다리 수는 4개이므로 염소 5마리의 다리 수는 4×5=20(개)입니다. 따라서 농장에 있는 동물의 다리 수는 모두 16+20=36(개)입니다.

답 36개

오답 제로를 위한 **채점 기준표**

	세부 내용	점수
풀이 과정	① 닭 8마리의 다리 수는 2×8로 나타낸 경우	3
	② 2×8=16으로 계산한 경우	4
	③ 염소 5마리의 다리 수는 4×5로 나타낸 경우	3
	④ 4×5=20으로 계산한 경우	4
	⑤ 동물의 다리 수는 모두 16+20=36(개)이라고 쓴 경우	4
답	36개라고 쓴 경우	2
	총점	20

❷

풀이 한 마리가 9조각인 치킨 5마리의 조각 수는 9×5 =45(조각)이고, 한 판이 8조각인 피자 6판의 조각 수는 8×6=48(조각)입니다. 48>45이므로 피자가 치킨보다 48-45=3(조각) 더 많습니다.

답 피자, 3조각

오답 제로를 위한 **채점 기준표**

	세부 내용	점수
풀이 과정	① 닭의 조각 수는 9×5=45(조각)라고 한 경우	5
	② 피자의 조각 수는 8×6=48(조각)이라고 한 경우	5
	③ 48>45이므로 48-45=3이라고 한 경우	5
	④ 피자가 3조각 더 많다고 쓴 경우	3
답	피자, 3조각이라고 모두 쓴 경우	2
	총점	20

❸

풀이   지환이네 팀의 3점짜리 점수는 3×7=21(점)이고, 2점
      짜리 점수는 2×9=18(점)이므로 지환이네 팀의 총점은
      21+18=39(점)입니다. 유찬이네 팀의 3점짜리 점수는
      3×8=24(점)이고, 2점짜리 점수는 2×8=16(점)이므
      로 유찬이네 팀의 총점은 24+16=40(점)입니다. 따라서
      39<40이므로 유찬이네 팀이 이겼습니다.

답   유찬

오답 제로를 위한 **채점 기준표**

	세부 내용	점수
풀이 과정	① 지환이네 팀의 3점짜리 점수는 3×7=21(점)이라고 계산한 경우	3
	② 지환이네 팀의 2점짜리 점수는 2×9=18(점)이라고 계산한 경우	3
	③ 지환이네 팀 점수는 21+18=39(점)라고 쓴 경우	2
	④ 유찬이네 팀의 3점짜리 점수는 3×8=24(점)라고 계산한 경우	3
	⑤ 유찬이네 팀의 2점짜리 점수는 2×8=16(점)이라고 계산한 경우	3
	⑥ 유찬이네 팀 점수는 24+16=40(점)이라고 쓴 경우	2
	⑦ 유찬이네 팀이 이겼음을 나타낸 경우	2
답	유찬이라고 쓴 경우	2
	총점	**20**

❹

풀이   3×6=18이고 9×5=45이므로 18<6×□<45입니
      다. 6의 단 곱셈구구에서 곱이 18보다 더 크고 45보
      다 더 작은 경우는 6×4=24, 6×5=30, 6×6=36, 6×
      7=42입니다. 따라서 □안에 들어갈 수는 4, 5, 6, 7로
      모두 4개입니다.

답   4개

오답 제로를 위한 **채점 기준표**

	세부 내용	점수
풀이 과정	① 3×6=18이고 9×5=45이므로 18<6×□<45라고 나타낸 경우	5
	② 6의 단 곱셈구구에서 곱이 18보다 더 크고 45보다 더 작은 것을 찾은 경우 예) 6×4=24, 6×5=30, 6×6=36, 6×7=42	7
	③ □안에 들어갈 수를 4, 5, 6, 7로 4개라고 답한 경우	6
답	4개라고 쓴 경우	2
	총점	**20**

P. 42

문제   과일 가게에서 참외는 한 바구니에 6개, 복숭아는 한 바
      구니에 9개를 담아서 팔고 있습니다. 어머니께서 참외 3
      바구니와 복숭아 4바구니를 사 오셨습니다. 어머니께서
      사온 과일은 모두 몇 개인지 풀이 과정을 쓰고 답을 구
      하세요.

오답 제로를 위한 **채점 기준표**

	세부 내용	점수
문제	① 3, 4, 9, 6의 수가 표현된 경우	4
	② '참외', '복숭아'라는 낱말을 나타낸 경우	5
	③ 6의 단, 9의 단 곱셈구구 문제로 나타낸 경우	6
	총점	**15**

제시된 풀이는 **모범답안**이므로
채점 기준표를 참고하여 채점하세요.

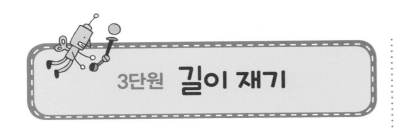

3단원 길이 재기

핵심유형 1 'cm'보다 더 큰 단위

STEP 1
P. 44

1단계 500, 300

2단계 지민, 민정 / m

3단계 차

4단계 1, 5 / 3, 2

5단계 2

STEP 2
P. 45

1단계 280 / 2, 78

2단계 은행나무, 큰

3단계 m, cm

4단계 1, 2, 80 / 80, 78 / 은행, 벚 / 278, 280, 278 / 은행, 벚

5단계 따라서 은행나무와 벚나무 중에서 키가 더 큰 것은 은행나무입니다.

STEP 3
P. 46

❶

풀이 4, 20 / 20, 4, 20, 4 / 20

답 4 m 20 cm

오답 제로를 위한 **채점 기준표**

	세부 내용	점수
풀이 과정	① 1 m로 4번 잰 길이는 4 m라고 한 경우	3
	② 4 m보다 20 cm만큼 더 긴 길이를 4 m 20 cm라고 한 경우	3
	③ 나무의 키를 4 m 20 cm라고 쓴 경우	3
답	4 m 20 cm라고 쓴 경우	1
총점		10

❷

풀이 1 m로 9번은 9 m입니다. 바닥부터 3층까지의 높이는 9 m보다 80 cm가 더 높습니다. 9 m보다 80 cm 더 긴 길이는 9 m 80 cm입니다. 따라서 바닥부터 3층까지의 높이는 9 m 80 cm입니다.

답 9 m 80 cm

오답 제로를 위한 **채점 기준표**

	세부 내용	점수
풀이 과정	① 1 m로 9번은 9 m라고 한 경우	5
	② 9 m보다 80 cm 더 긴 길이를 9 m 80 cm라고 한 경우	5
	③ 바닥부터 3층까지의 높이를 9 m 80 cm라고 쓴 경우	3
답	9 m 80 cm라고 쓴 경우	2
총점		15

핵심유형 2 길이의 합

STEP 1
P. 47

1단계 2, 25 / 1, 13

2단계 초록색, 겹치지 않게

3단계 노란색, 더합니다

4단계 2, 25 / 1, 13 / 3, 38

5단계 3, 38

STEP 2
P. 48

1단계 56, 35 / 23, 40

2단계 집, 문구점, 학교

3단계 더합니다

4단계 56, 35 / 23, 40 / 79, 75

5단계 따라서 현우가 집에서 학교까지 이동한 거리는 79 m 75 cm입니다.

STEP 3

1

풀이　53, 45 / 23, 40 / 53, 45 / 76, 85 / 76, 85

답　76 m 85 cm

오답 제로를 위한　**채점 기준표**

	세부 내용	점수
풀이 과정	① 긴 쪽의 길이를 23 m 40 cm+53 m 45 cm라고 한 경우	3
	② 23 m 40 cm+53 m 45 cm=76 m 85 cm라고 계산한 경우	3
	③ 운동장의 긴 쪽의 길이는 76 m 85 cm라고 나타낸 경우	3
답	76 m 85 cm라고 쓴 경우	1
	총점	10

2

풀이　(은행나무의 키)=(해바라기의 키)+5 m 60 cm
　　　　　　　　　=1 m 36 cm+5 m 60 cm
　　　　　　　　　=6 m 96 cm
　　　따라서 은행나무의 키는 6 m 96 cm입니다.

답　6 m 96 cm

오답 제로를 위한　**채점 기준표**

	세부 내용	점수
풀이 과정	① 은행나무의 키를 1 m 36 cm+5 m 60 cm라고 한 경우	4
	② 1 m 36 cm+5 m 60 cm=6 m 96 cm라고 계산한 경우	6
	③ 은행나무의 높이는 6 m 96 cm라고 쓴 경우	3
답	6 m 96 cm라고 쓴 경우	2
	총점	15

 **핵심유형 3** 길이의 차

STEP 1

P. 50

1단계　746 / 4, 23

2단계　노끈

3단계　같게, 뺍니다

4단계　7, 46 / 7, 46 / 4, 23 / 3, 23

5단계　3, 23

STEP 2

P. 51

1단계　354 / 4, 93

2단계　늘어난, cm

3단계　빼서

4단계　3, 54 / 4, 93 / 3, 54 / 1, 39

5단계　따라서 늘어난 길이는 1 m 39 cm입니다.

STEP 3

P. 52

1

풀이　24, 45 / 11, 30 / 13, 15 / 13, 15, 1315 / 1315

답　1315 cm

오답 제로를 위한　**채점 기준표**

	세부 내용	점수
풀이 과정	① 기차 한 칸의 길이와 버스의 길이의 차를 24 m 45 cm−11 m 30 cm로 나타낸 경우	3
	② 24 m 45 cm−11 m 30 cm=13 m 15 cm라고 계산한 경우	3
	③ 13 m 15 cm=1315 cm라고 하고 기차 한 칸의 길이는 버스의 길이보다 1315 cm 더 길다고 쓴 경우	3
답	1315 cm라고 쓴 경우	1
	총점	10

2

풀이　(강당의 세로)−(강당의 가로)=36 m 47 cm−19 m 20 cm
　　　=17 m 27 cm입니다. 1m=100 cm이므로 17 m 27 cm
　　　=1727 cm입니다. 따라서 강당의 세로는 가로보다 1727
　　　cm 더 깁니다.

답　1727 cm

오답 제로를 위한　**채점 기준표**

	세부 내용	점수
풀이 과정	① 세로와 가로의 차를 36 m 47 cm−19 m 20 cm로 나타낸 경우	5
	② 36 m 47 cm−19 m 20 cm=17 m 27 cm라고 계산한 경우 17 m 27 cm=1727 cm임을 나타낸 경우	4
	③ 17 m 27 cm=1727 cm임을 나타내고, 세로는 가로보다 1727 cm 더 길다고 쓴 경우	4
답	1727 cm라고 쓴 경우	2
	총점	15

 제시된 풀이는 **모범답안**이므로
채점 기준표를 참고하여 채점하세요.

핵심유형 4 길이 어림하기

P. 53

STEP 1

1단계 1

2단계 사물함, 길이

3단계 두, 1

4단계 여섯 / 1, 여섯, 3

5단계 3

P. 54

STEP 2

1단계 1, 30

2단계 긴, 약

3단계 긴

4단계 짧은, 3 / 1, 30, 30 / 3, 90

5단계 따라서 긴 막대의 길이는 약 3 m 90 cm입니다.

P. 55

STEP 3

❶

풀이 20, 20, 3, 60 / 60, 80 / 3, 80

답 약 3 m 80 cm

오답 제로를 위한 **채점 기준표**

	세부 내용	점수
풀이 과정	① 1 m 20 cm 막대로 3번 잰 길이는 3 m 60 cm라고 한 경우	4
	② 3 m 60 cm보다 20 cm 더 긴 길이는 3 m 80 cm라고 한 경우	3
	③ 거실 창문의 길이를 약 3 m 80 cm라고 한 경우	2
답	약 3 m 80 cm라고 쓴 경우	1
	총점	10

❷

풀이 1 m 50 cm로 4번 잰 길이는 1 m 50 cm+1 m 50 cm +1 m 50 cm+1 m 50 cm=6 m입니다. 6 m보다 30 cm 더 긴 길이는 6 m 30 cm입니다. 따라서 교실의 긴 쪽의 길이는 약 6 m 30 cm입니다.

답 약 6 m 30 cm

오답 제로를 위한 **채점 기준표**

	세부 내용	점수
풀이 과정	① 1 m 50 cm로 4번 잰 길이를 6 m라고 한 경우	6
	② 6 m보다 30 cm 더 긴 길이를 6 m 30 cm라고 한 경우	4
	③ 교실의 긴 쪽의 길이를 약 6 m 30 cm라고 한 경우	3
답	약 6 m 30 cm라고 쓴 경우	2
	총점	15

P. 56

❶

풀이 첫 번째 나무와 다섯 번째 나무 사이의 간격은 4군데입니다. 460 cm는 4 m 60 cm입니다. 따라서 첫 번째 나무에서 다섯 번째 나무까지의 거리는 4 m 60 cm+4 m 60 cm+4 m 60 cm+4 m 60 cm=18 m 40 cm입니다.

답 18 m 40 cm

오답 제로를 위한 **채점 기준표**

	세부 내용	점수
풀이 과정	① 간격의 수를 4군데라고 한 경우	7
	② 460 cm=4 m 60 cm라고 하여 4 m 60 cm를 4번 더한 값을 18 m 40 cm로 나타낸 경우	6
	③ 첫 번째 나무와 다섯 번째 나무 사이의 거리를 18 m 40 cm라고 한 경우	5
답	18 m 40 cm라고 쓴 경우	2
	총점	20

❷

풀이 실제 길이와 어림한 길이의 차를 구해 차가 가장 작게 나온 사람이 가장 가깝게 어림한 사람입니다. 실제 길이와 어림한 길이의 차를 구하면 재호는 4 m 80 cm-4 m 60 cm=20 cm, 민지는 4 m 90 cm-4 m 80 cm=10 cm, 혜리는 4 m 80 cm-4 m 75 cm=5 cm이고 승현이는 4 m 88 cm-4 m 80 cm=8 cm입니다. 따라서 실제 길이에 가장 가깝게 어림한 사람은 차가 가장 작은 혜리입니다.

답 혜리

오답 제로를 위한 **채점 기준표**

세부 내용	점수
① 실제 길이와 어림한 길이의 차가 가장 작게 나온 사람이 가장 가깝게 어림한 사람임을 표현한 경우	1
② 재호는 4 m 80 cm−4 m 60 cm=20 cm라고 계산한 경우	4
③ 민지는 4 m 90 cm−4 m 80 cm=10 cm라고 계산한 경우	4
④ 혜리는 4 m 80 cm−4 m 75 cm=5 cm라고 계산한 경우	4
⑤ 승현이는 4 m 88 cm−4 m 80 cm=8 cm라고 계산한 경우	4
⑥ 실제 길이에 가장 가깝게 어림한 사람은 차가 가장 작은 혜리라고 쓴 경우	1
답 혜리라고 쓴 경우	2
총점	20

❸

풀이 하늘이가 만든 가장 긴 길이는 976 cm이고 보라가 만든 가장 짧은 길이는 2 m 35 cm입니다. 976 cm는 9 m 76 cm이므로 길이의 차를 구하면 976 cm−2 m 35 cm=9 m 76 cm−2 m 35 cm=7 m 41 cm입니다. 따라서 두 사람이 만든 길이의 차는 7 m 41 cm입니다.

답 7 m 41 cm

오답 제로를 위한 **채점 기준표**

세부 내용	점수
① 하늘이가 만든 가장 긴 길이를 976 cm라고 한 경우	4
② 보라가 만든 가장 짧은 길이를 2 m 35 cm라고 한 경우	4
③ 두 길이의 차를 9 m 76 cm−2 m 35 cm로 나타낸 경우	4
④ 9 m 76 cm−2 m 35 cm=7 m 41 cm로 계산한 경우	4
⑤ 두 사람이 만든 길이의 차를 7 m 41 cm로 정리한 경우	2
답 7 m 41 cm라고 쓴 경우	2
총점	20

❹

풀이 ㉠의 하이다이빙의 높이는 7 m 50 cm이고 ㉡의 스프링보드 다이빙의 높이는 3 m입니다. ㉠−㉡=7 m 50 cm−3 m=4 m 50 cm입니다. 따라서 ㉠의 하이다이빙의 높이는 ㉡의 스프링보드 다이빙의 높이보다 4 m 50 cm만큼 더 높습니다.

답 4 m 50 cm

오답 제로를 위한 **채점 기준표**

세부 내용	점수
① ㉠의 높이는 7 m 50 cm임을 나타낸 경우	4
② ㉡의 높이는 3 m임을 나타낸 경우	4
③ ㉠−㉡=7 m 50 cm−3 m=4 m 50 cm라고 계산한 경우	6
④ ㉠은 ㉡의 높이보다 4 m 50 cm 더 높음을 나타낸 경우	4
답 4 m 50 cm라고 쓴 경우	2
총점	20

문제 집에서 우체국까지의 거리는 40 m 25 cm이고 우체국에서 도서관까지의 거리는 52 m 49 cm입니다. 우빈이가 집에서 출발하여 우체국을 지나 도서관까지 걸어갔다면 우빈이가 걸은 거리는 모두 몇 m 몇 cm인지 풀이 과정을 쓰고, 답을 구하세요.

오답 제로를 위한 **채점 기준표**

	세부 내용	점수
문제	① 40 m 25 cm, 52 m 49 cm의 길이가 표현된 경우	8
	② '집', '우체국', '도서관'이라는 낱말을 나타낸 경우	8
	③ 길이의 합을 구하는 문제를 만든 경우	9
	총점	25

제시된 풀이는 **모범답안**이므로 **채점 기준표**를 참고하여 채점하세요.

 **핵심유형 1** 몇 시 몇 분

STEP 1   P. 60

1단계 7, 8 / 4

2단계 일어난

3단계 시, 분

4단계 7, 20

5단계 7, 20

STEP 2   P. 61

1단계 6, 7 / 6, 3

2단계 시각

3단계 시, 분

4단계 6 / 3, 27

5단계 따라서 지욱이가 줄넘기를 시작한 시각은 6시 27분입니다.

STEP 3   P. 62

❶

풀이 짧은 / 5, 4, 긴, 59 / 4, 59

답 4시 59분

오답 제로를 위한 **채점 기준표**		
세부 내용		점수
풀이 과정	① 짧은바늘이 4와 5 사이에 있으므로 4시라고 한 경우	3
	② 긴바늘이 59분을 가리킨다고 한 경우	3
	③ 거울에 비친 시계의 시각을 4시 59분으로 나타낸 경우	3
답	4시 59분이라고 쓴 경우	1
총점		10

❷

풀이 거울에 비친 모습은 실제 모습과 왼쪽과 오른쪽이 반대로 바뀌어 보입니다. 시계의 짧은바늘은 2와 3 사이에 있으므로 2시이고 긴바늘은 34분을 가리키므로 거울에 비친 시계가 나타내는 시각을 읽으면 2시 34분입니다.

답 2시 34분

오답 제로를 위한 **채점 기준표**		
세부 내용		점수
풀이 과정	① 짧은바늘이 2와 3 사이에 있으므로 2시라고 한 경우	4
	② 긴바늘은 34분을 가리킨다고 한 경우	6
	③ 거울에 비친 시계의 시각을 2시 34분으로 나타낸 경우	3
답	2시 34분이라고 쓴 경우	2
총점		15

 **핵심유형 2** 여러 가지 방법으로 시각 읽기

STEP 1   P. 63

1단계 7, 50 / 8, 15

2단계 일찍

3단계 일어난, 빠른

4단계 7, 50 / 8, 15 / 7, 45, 7, 50, 7 / 45

5단계 연수

STEP 2   P. 64

1단계 6, 52 / 6, 8 / 5, 12 / 5, 52

2단계 바르게

3단계 시각

4단계 5, 52 / 8, 6, 8

5단계 따라서 바르게 말한 사람은 정민이와 신지입니다.

STEP 3   P. 65

❶

풀이 1, 50, 1 / 45, 1, 50 / 예지

답 예지

세부 내용		점수
풀이 과정	① 2시 10분 전은 1시 50분임을 나타낸 경우	3
	② 1시 45분은 1시 50분보다 이른 시각임을 표현한 경우	3
	③ 예지가 먼저 약속 장소에 도착했음을 나타낸 경우	3
답	예지라고 쓴 경우	1
총점		10

❷

풀이　3시 5분 전은 3시가 되기 5분 전의 시각이므로 2시 55분입니다. 2시 50분은 2시 55분보다 빠른 시각입니다. 따라서 집에 먼저 도착한 사람은 주아입니다.

답　주아

세부 내용		점수
풀이 과정	① 3시 5분 전은 2시 55분임을 나타낸 경우	4
	② 2시 50분은 2시 55분보다 빠른 시각이라고 표현한 경우	6
	③ 주아가 집에 먼저 도착했음을 나타낸 경우	3
답	주아라고 쓴 경우	2
총점		15

 핵심유형 ③　1시간과 하루의 시간

STEP ❶ .... P. 66

1단계　3, 40 / 5, 30

2단계　걸린, 시간, 분

3단계　시간

4단계　3, 40, 5 / 30 / 1, 20 / 1, 50

5단계　1, 50

STEP ❷ .... P. 67

1단계　10, 30 / 7

2단계　시간

3단계　시간

4단계　10, 30 / 7 / 1, 30, 7 / 8, 30

5단계　따라서 서영이가 워터파크에 있었던 시간은 8시간 30분입니다.

STEP ❸ .... P. 68

❶

풀이　4, 20, 20 / 3, 55 / 3, 55

답　3시 55분

세부 내용		점수
풀이 과정	① 6시 20분에서 2시간 25분 전의 시각을 3시 55분으로 나타낸 경우	6
	② 정연이가 미술관에서 관람하기 시작한 시각은 3시 55분이라고 쓴 경우	3
답	3시 55분이라고 쓴 경우	1
총점		10

❷

풀이　경기 시간은 모두 45+15+45=105(분)입니다. 105분은 60분+45분=1시간 45분이므로 8시 30분에서 1시간 45분 전의 시각이 축구 경기를 시작한 시각입니다. 8시 30분에서 1시간 전의 시각은 7시 30분이고 7시 30분에서 45분 전의 시각은 6시 45분입니다. 따라서 축구 경기를 시작한 시각은 6시 45분입니다.

답　6시 45분

세부 내용		점수
풀이 과정	① 경기 시간은 모두 105분임을 나타낸 경우	3
	② 105분은 1시간 45분임을 나타낸 경우	2
	③ 8시 30분에서 1시간 45분 전의 시각을 6시 45분으로 나타낸 경우	6
	④ 축구 경기 시작 시각을 6시 45분이라고 쓴 경우	2
답	6시 45분이라고 쓴 경우	2
총점		15

 제시된 풀이는 **모범답안**이므로 **채점 기준표**를 참고하여 채점하세요.

 **핵심유형4** 달력

STEP 1 .... P. 69

1단계 10, 10

2단계 마지막

3단계 31, 같은

4단계 31, 31 / 24, 17, 10 / 3, 토

5단계 토

STEP 2 .... P. 70

1단계 6, 6

2단계 화

3단계 화, 7

4단계 화, 7 / 9, 23 / 30, 화

5단계 따라서 6월의 화요일인 날짜는 2일, 9일, 16일, 23일, 30일입니다.

STEP 3 .... P. 71

❶

풀이 8, 1, 토 / 8, 15, 22, 29 / 8, 31, 화

답 화요일

오답 제로를 위한 **채점 기준표**

	세부 내용	점수
풀이 과정	① 8월 1일은 토요일이라고 나타낸 경우	2
	② 8월의 토요일인 날짜를 1일, 8일, 15일, 22일, 29일로 나타낸 경우	3
	③ 8월 31일은 월요일이라고 쓴 경우	2
	④ 9월 1일 주훈이 생일은 화요일이라고 쓴 경우	2
답	화요일이라고 쓴 경우	1
	총점	10

❷

풀이 같은 요일은 7일마다 반복됩니다. 12월에 금요일인 날짜는 25일, 18일, 11일, 4일이고, 12월 1일은 화요일이므로 11월 30일은 월요일입니다. 11월에 월요일인 날짜는 30일, 23일, 16일, 9일, 2일이므로 11월 1일은 일요일입니다. 따라서 10월 31일은 토요일입니다.

답 토요일

오답 제로를 위한 **채점 기준표**

	세부 내용	점수
풀이 과정	① 12월에 금요일인 날짜는 25일, 18일, 11일, 4일로 나타낸 경우	3
	② 12월 1일이 화요일이므로 11월 30일은 월요일이라고 나타낸 경우	4
	③ 11월에 월요일인 날짜는 30일, 23일, 16일, 9일, 2일로 나타낸 경우	3
	④ 11월 1일이 일요일이므로 10월 31일은 토요일이라고 쓴 경우	3
답	토요일이라고 쓴 경우	2
	총점	15

 **실력** 다지기 .... P. 72

❶

풀이 5시에서 47분이 더 지난 시각은 5시 47분입니다. 짧은 바늘이 5와 6 사이에 있고 긴바늘이 9에서 3칸 더 지난 곳을 가리키는 시각은 5시 48분입니다. 6시 13분 전은 6시가 되기 13분 전의 시각이므로 5시 47분입니다. 하진이와 수민이는 5시 47분을 말하고 있고, 해정이는 5시 48분을 말하였으므로 다른 시각을 말하는 사람은 해정입니다.

답 해정

오답 제로를 위한 **채점 기준표**

	세부 내용	점수
풀이 과정	① 5시에서 47분이 더 지난 시각은 5시 47분이라고 나타낸 경우	5
	② 짧은바늘이 5와 6 사이에 있고 긴바늘이 9에서 3칸 더 지난 곳을 가리키는 시각은 5시 48분이라고 나타낸 경우	5
	③ 6시 13분 전은 5시 47분이라고 나타낸 경우	5
	④ 해정이만 다른 시각을 말하고 있음을 나타낸 경우	3
답	해정이라고 쓴 경우	2
	총점	20

❷

풀이 　5월 15일 오후 2시부터 5월 16일 오후 2시까지는 24 시간입니다. 5월 16일 오후 2시부터 5월 17일 오전 2 시까지 12시간이고 5월 17일 오전 2시부터 오전 11시 까지는 9시간이므로 24시간+12시간+9시간=45시간입 니다. 따라서 서진이네 가족은 45시간 동안 캠핑장을 이 용할 수 있습니다.

답 　45시간

오답 제로를 위한 **채점 기준표**

	세부 내용	점수
풀이 과정	① 5월 15일 오후 2시부터 5월 17일 오전 11시까지의 시간 이 45시간이라고 한 경우	15
	② 서진이네 가족이 45시간동안 캠핑장을 이용할 수 있 음을 쓴 경우	3
답	45시간이라고 쓴 경우	2
	총점	20

❸

풀이 　1년은 12개월이므로 1년 10개월=12개월+10개월=22 개월입니다. 22>21이므로 주원이가 진수보다 22-21 =1(개월) 더 배웠습니다.

답 　주원, 1개월

오답 제로를 위한 **채점 기준표**

	세부 내용	점수
풀이 과정	① 1년은 12개월임을 나타낸 경우	3
	② 1년 10개월=12개월+10개월=22개월이라고 나타낸 경우	6
	③ 주원이가 태권도를 배운 22개월에서 진수가 태권도를 배운 21개월의 차를 22-21=1(개월)이라고 계산한 경우	6
	④ 주원이가 1개월 더 배웠음을 나타낸 경우	3
답	주원, 1개월이라고 모두 쓴 경우	2
	총점	20

❹

풀이 　승용차의 출발 시각은 1시 30분이고 도착 시각은 5시 20분이므로 승용차는 부산까지 3시간 50분이 걸립니다. 고속버스의 출발 시각은 2시 40분이고 도착 시각은 6시 10분이므로 고속버스는 부산까지 3시간 30분이 걸립니 다. 3시간 30분은 3시간 50분보다 적은 시간이 걸린 것 이므로 고속버스가 더 빨리 이동할 수 있습니다.

답 　고속버스

오답 제로를 위한 **채점 기준표**

	세부 내용	점수
풀이 과정	① 승용차의 출발 시각은 1시 30분이고 도착 시각은 5시 20분이라고 나타낸 경우	2
	② 1시 30분에서 3시간 50분 후의 시각을 5시 20분으로 나 타낸 경우	4
	③ 승용차는 부산까지 3시간 50분이 걸렸음을 나타낸 경우	2
	④ 고속버스의 출발 시각은 2시 40분이고 도착 시각은 6시 10분이라고 나타낸 경우	2
	⑤ 2시 40분에서 3시간 30분 후의 시각을 6시 10분으로 나타낸 경우	4
	⑥ 고속버스는 부산까지 3시간 30분이 걸렸음을 나타낸 경우	2
	⑦ 고속버스가 더 빨리 이동할 수 있다고 한 경우	2
답	고속버스라고 쓴 경우	2
	총점	20

나만의 문제 만들기

P. 74

문제 　다음은 점심시간의 시작 시각과 끝나는 시각을 나타낸 것입니다. 점심시간은 몇 분인지 풀이 과정을 쓰고, 답을 구하세요.

오답 제로를 위한 **채점 기준표**

	세부 내용	점수
문제	① 시계 그림이 들어간 문제를 만든 경우	9
	② '점심시간'이라는 낱말을 나타낸 경우	8
	③ 시간을 나타내는 문제로 만든 경우	8
	총점	25

 제시된 풀이는 **모범답안**이므로 **채점 기준표**를 참고하여 채점하세요.

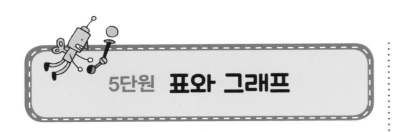

5단원 표와 그래프

핵심유형 1 — 자료를 보고 표로 나타내기

STEP 1 .... P. 76

1단계 ✕✕✕ ///, ✕✕✕ ///

2단계 회장

3단계 표, 큰

4단계 7 / 8, 5, 4 / 7, 8, 5, 4, 24 / 7, 8, 5, 4, 24 / 8, 5

5단계 지영

STEP 2 .... P. 77

1단계 과목

2단계 표, 과목

3단계 표, 큰

4단계 4, 5 / 3, 8 / 4, 3, 20 / 4, 5, 3, 8, 20 / 8, 5, 3

5단계 따라서 가장 많은 학생들이 좋아하는 과목은 체육입니다.

STEP 3 .... P. 78

❶

풀이   6, 8, 6, 24 / 20, 24 / 4 / 4

답   4명

오답 제로를 위한 **채점 기준표**

	세부 내용	점수
풀이 과정	① B형인 학생을 ▨명이라 하고, 6+▨+8+6=24라는 식을 세운 경우	1
	② ▨=4라고 한 경우	5
	③ B형인 학생은 4명이라고 쓴 경우	3
답	4명이라고 쓴 경우	1
	총점	10

❷

풀이   치킨을 좋아하는 학생을 □명이라 하면 3+8+□+6=25이고 17+□=25이므로 □=8입니다. 따라서 치킨을 좋아하는 학생은 8명입니다.

답   8명

오답 제로를 위한 **채점 기준표**

	세부 내용	점수
풀이 과정	① 치킨을 좋아하는 학생을 □명이라고 하고 3+8+□+6=25라는 식을 세운 경우	2
	② □=8이라고 계산한 경우	6
	③ 치킨을 좋아하는 학생은 8명이라고 쓴 경우	5
답	8명이라고 쓴 경우	2
	총점	15

핵심유형 2 — 그래프로 나타내기, 표와 그래프

STEP 1 .... P. 79

1단계 나라

2단계 6

3단계 그래프, 6

4단계

가고 싶은 나라별 학생 수

호 주	○	○	○	○	○		
영 국	○	○	○	○	○	○	
프랑스	○	○	○	○	○	○	○
미 국	○	○	○	○	○		
나라＼학생 수(명)	1	2	3	4	5	6	7

프랑스

5단계 프랑스

1단계 10, 날수

2단계 10, 비

3단계 그래프, 비

4단계

10월 한 달 동안의 날씨별 날수

안개	○	○	○												
비	○	○	○	○	○	○									
흐림	○	○	○	○	○										
맑음	○	○	○	○	○	○	○	○	○	○	○	○	○	○	○
날씨 날수(일)	1	2	3	4	5	6	7	8	9	10	11	12	13	14	15

맑음, 비 / 안개

5단계 따라서 10월의 날씨 중 비가 온 날은 두 번째로 많습니다.

❶

풀이   3, 창용, 5 / 3, 5, 4, 가윤

답   가윤

오답 제로를 위한 **채점 기준표**

	세부 내용	점수
풀이 과정	① 서우가 맞힌 문제 수는 3개임을 표현한 경우	3
	② 창용이가 맞힌 문제 수는 5개임을 표현한 경우	3
	③ 서우보다 많고 창용이보다 적게 맞힌 친구가 가윤임을 나타낸 경우	3
답	가윤이라고 쓴 경우	1
	총점	10

❷

풀이   민채가 읽은 책의 수는 3권이고 강민이가 읽은 책의 수는 5권입니다. 읽은 책의 수가 3권보다 더 많고 5권보다 더 적은 사람은 4권을 읽은 승원입니다.

답   승원

오답 제로를 위한 **채점 기준표**

	세부 내용	점수
풀이 과정	① 민채가 읽은 책의 수가 3권임을 표현한 경우	4
	② 강민이가 읽은 책의 수가 5권임을 표현한 경우	4
	③ 민재보다 많이 읽고 강민이보다 적게 읽은 친구가 승원이임을 나타낸 경우	5
답	승원이라고 쓴 경우	2
	총점	15

❶

풀이   (놀이공원에 가고 싶은 학생 수)=20-4-2-8=6(명)입니다. 영화관에 가고 싶은 학생 수 4명을 ▲ 2개로 그렸으므로 ▲는 2명을 나타냅니다. 따라서 놀이공원에 가고 싶은 학생 수 6명은 2+2+2=6이므로 ▲ 3개로 그려야 합니다.

답   3개

오답 제로를 위한 **채점 기준표**

	세부 내용	점수
풀이 과정	① 놀이 공원에 가고 싶은 학생 수를 6명으로 구한 경우	6
	② ▲가 2명을 나타낸다고 한 경우	6
	③ 6명은 ▲ 3개로 그린다고 한 경우	6
답	3개라고 한 경우	2
	총점	20

❷

풀이   수현이네 반 학생들이 좋아하는 동물은 강아지, 토끼, 고양이, 햄스터입니다. 수현이가 좋아하는 동물은 그래프를 보고 알 수 없습니다. 따라서 그래프를 보고 알 수 없는 내용은 ⓒ입니다.

답   ⓒ

오답 제로를 위한 **채점 기준표**

	세부 내용	점수
풀이 과정	① 수현이네 반 학생들이 좋아하는 동물의 종류는 강아지, 토끼, 고양이, 햄스터임을 나타낸 경우	7
	② 수현이가 좋아하는 동물은 그래프를 보고 알 수 없음을 나타낸 경우	7
	③ 그래프를 보고 알 수 없는 내용은 ⓒ이라고 쓴 경우	4
답	ⓒ이라고 쓴 경우	2
	총점	20

제시된 풀이는 **모범답안**이므로 채점 기준표를 참고하여 채점하세요.

❸

풀이 영화를 좋아하는 학생 수를 □명이라 하면 음악을 좋아하는 학생 수는 (□+1)명입니다. 9+□+1+6+2+□=30이고 18+□+□=30이므로 □+□=12, □=6입니다. 따라서 음악을 좋아하는 학생은 6+1=7(명)입니다.

답 7명

오답 제로를 위한 **채점 기준표**

세부 내용	점수
① 영화를 좋아하는 학생 수를 □명이라고 한 경우	4
② 음악을 좋아하는 학생 수는 (□+1)명이라고 한 경우	4
③ 9+□+1+6+2+□=30임을 이용하여 □=6임을 구한 경우	6
④ 음악을 좋아하는 학생 수를 7명이라고 한 경우	4
답	7명이라고 쓴 경우	2
총점	20

❹

풀이 숫자별 나온 횟수를 표로 나타내면

숫자	1	2	3	5	6	합계
횟수(번)	1	2	5	12	4	24

입니다. 가장 많이 적은 숫자는 5로 12번이고, 가장 적게 적은 숫자는 1로 1번입니다. 따라서 가장 많이 적은 숫자와 가장 적게 적은 숫자의 횟수의 합은 12+1=13(번)입니다.

답 13번

오답 제로를 위한 **채점 기준표**

	세부 내용	점수
풀이 과정	① 표를 완성한 경우 <table><tr><td>숫자</td><td>1</td><td>2</td><td>3</td><td>5</td><td>6</td><td>합계</td></tr><tr><td>횟수(번)</td><td>1</td><td>2</td><td>5</td><td>12</td><td>4</td><td>24</td></tr></table>	10
	② 가장 많이 적은 숫자와 가장 적게 적은 숫자의 횟수의 합을 12+1=13(번)으로 나타낸 경우	8
답	13번이라고 쓴 경우	2
	총점	20

P. 84

문제 유민이네 반 학생들이 좋아하는 책을 조사하여 나타낸 그래프입니다. 가장 많은 학생들이 좋아하는 책과 가장 적은 학생들이 좋아하는 책의 학생 수의 차는 몇 명인지 풀이 과정을 쓰고, 답을 구하세요.

오답 제로를 위한 **채점 기준표**

	세부 내용	점수
문제	① 그래프를 사용한 경우	5
	② 가장 많이 좋아하는 책과 가장 적게 좋아하는 책의 학생 수의 차를 구하는 문제를 만든 경우	10
	총점	15

6단원 규칙 찾기

핵심유형 1 — 덧셈표에서 규칙 찾기

STEP 1 P. 86

1단계 3, 5

2단계 8

3단계 합

4단계 8 / 3, 4, 5

5단계 8, 3

STEP 2 P. 87

1단계 1, 7, 11 / 9

2단계 큰, 합

3단계 합

4단계 3, 13, 9, 14 / 1, 9, 11, 18 / 18, 13, 9, 18 / 9

5단계 따라서 가장 큰 수와 가장 작은 수의 합은 18+9=27입니다.

STEP 3 P. 88

❶

풀이 1, 1 / 14, 12, 14

답 ㉠ : 14, ㉡ : 12, ㉢ : 14

오답 제로를 위한 **채점 기준표**

	세부 내용	점수
풀이 과정	① 오른쪽으로 갈수록 1씩 커진다고 한 경우	3
	② 아래쪽으로 내려갈수록 1씩 커진다고 한 경우	3
	③ ㉠=14, ㉡=12, ㉢=14라고 한 경우	3
답	㉠ : 14, ㉡ : 12, ㉢ : 14라고 쓴 경우	1
총점		**10**

❷

풀이 같은 줄에서 오른쪽으로 갈수록 1씩 커지고 아래쪽으로 내려갈수록 1씩 커지는 규칙이 있습니다. 따라서 ㉠=13, ㉡=16, ㉢=15, ㉣=16입니다.

답 ㉠ : 13, ㉡ : 16, ㉢ :15, ㉣ :16

오답 제로를 위한 **채점 기준표**

	세부 내용	점수
풀이 과정	① 오른쪽으로 갈수록 1씩 커진다고 한 경우	5
	② 아래쪽으로 내려갈수록 1씩 커진다고 한 경우	5
	③ ㉠=13, ㉡=16, ㉢=15, ㉣=16이라고 한 경우	3
답	㉠ : 13, ㉡ : 16, ㉢ : 15, ㉣ : 16	2
총점		**15**

핵심유형 2 — 곱셈표에서 규칙 찾기

STEP 1 P. 89

1단계 3, 3, 홀수

2단계 규칙, 잘못

3단계 커집니다

4단계 3 / 3, 오른쪽, 3 / 홀수

5단계 건우

STEP 2 P. 90

1단계 짝수, 5 / 6

2단계 파란색, 틀린

3단계 커지는

4단계 30, 42 / 짝수, 6, 6

5단계 따라서 수들의 규칙으로 틀린 것은 ㉡입니다.

제시된 풀이는 **모범답안**이므로 **채점 기준표**를 참고하여 채점하세요.

❶

풀이 6, 48 / 32, 48

답 ㉠ : 32, ㉡ : 48

오답 제로를 위한 **채점 기준표**

	세부 내용	점수
	① ㉡은 48이라고 나타낸 경우	3
	② 같은 줄의 아래쪽으로 갈수록 8씩 커지는 규칙을 나타낸 경우	3
	③ ㉠은 32라고 나타낸 경우	3
답	㉠ : 32, ㉡ : 48이라고 모두 쓴 경우	1
	총점	10

❷

풀이 곱셈표에서 각 단의 수는 곱하는 수가 1씩 커지면 곱은 단의 수만큼 커지는 규칙이 있습니다. 18, 21, ㉠은 3씩 커지므로 ㉠은 24입니다. 20, 24, ㉡은 4씩 커지므로 ㉡은 28입니다. 따라서 ㉠은 24, ㉡은 28입니다.

답 ㉠ : 24, ㉡ : 28

오답 제로를 위한 **채점 기준표**

	세부 내용	점수
풀이 과정	① 각 단의 수는 1씩 커지면 단의 수만큼 커지는 규칙을 나타낸 경우	5
	② ㉠은 24라고 나타낸 경우	4
	③ ㉡은 28이라고 나타낸 경우	4
답	㉠ : 24, ㉡ : 28이라고 모두 쓴 경우	2
	총점	15

 **핵심유형 3** **무늬에서 규칙 찾기**

1단계 규칙

2단계 기호

3단계 규칙

4단계 시계 /

5단계 ㉠

1단계 목걸이

2단계 ㉡, 색

3단계 파란, 규칙

4단계 파란 / 1 / 2, 4

5단계 따라서 ㉠의 구슬은 파란색이고 ㉡의 구슬은 빨간색입니다.

❶

풀이 ★, ♥, ◆ / ★, ♥

답 ♥모양

오답 제로를 위한 **채점 기준표**

	세부 내용	점수
풀이 과정	① ★, ♥, ◆모양이 반복되는 규칙을 나타낸 경우	3
	② 10번째 모양은 ★모양이라고 나타낸 경우	3
	③ 11번째 모양은 ♥모양이라고 쓴 경우	3
답	♥모양이라고 쓴 경우	1
	총점	10

❷

풀이 ●, ♥, ♣모양이 반복되고 빨간색-파란색-노란색-노란색이 반복됩니다. 13번째 모양은 ●이고, 색깔은 빨간색입니다. 따라서 13번째에는 ●를 그려야 합니다.

답 ●

오답 제로를 위한 **채점 기준표**

	세부 내용	점수
풀이 과정	① ●, ♥, ♣이 반복되고 빨간색-파란색-노란색-노란색이 반복되는 규칙을 나타낸 경우	4
	② 13번째 모양은 ●라고 나타낸 경우	4
	③ 13번째 색깔은 빨간색임을 나타낸 경우	5
답	●로 나타낸 경우	2
	총점	15

핵심유형 4 쌓은 모양에서 규칙 찾기

STEP 1

1단계 쌓기나무

2단계 쌓기나무

3단계 쌓기나무

4단계 5, 6 / 두

5단계 6

STEP 2

1단계 쌓기나무

2단계 잘못

3단계 모양

4단계 4 / 3, 2, 1 / 줄어들고

5단계 따라서 잘못 설명한 사람은 나래입니다.

STEP 3

1

풀이 1 / 4, 3, 2 / 1, 4, 3, 2, 1, 10

답 10개

	세부 내용	점수
풀이 과정	① 규칙을 설명한 경우	3
	② 1층에 4개, 2층에 3개, 3층에 2개, 4층에 1개가 필요함을 나타낸 경우	3
	③ 필요한 쌓기나무의 수를 10개라고 한 경우	3
답	10개라고 쓴 경우	1
	총점	10

2

풀이 1층에 4개를 나란히 놓고 왼쪽과 오른쪽 위로 한 개씩 늘어나는 규칙입니다. 쌓기나무가 2개씩 늘어나므로 첫 번째 6개, 두 번째 8개, 세 번째 10개, 네 번째는 10+2=12(개)가 필요합니다.

답 12개

	세부 내용	점수
풀이 과정	① 규칙을 설명한 경우	5
	② 세 번째 쌓기나무의 수를 10개로 나타낸 경우	4
	③ 네 번째는 12개가 필요하다고 한 경우	4
답	12개라고 쓴 경우	2
	총점	15

실력 다지기

1

풀이 위에서부터 쌓기나무가 한 개씩 많아지므로 6층까지 쌓았을 때 1층에 필요한 쌓기나무는 6개입니다. 각 층의 가장 왼쪽에 있는 수는 위에서부터 1, 2, 3, 4, 5이므로 6층까지 쌓았을 때 1층의 가장 왼쪽에 있는 수는 6입니다. 각 층의 수들은 가장 왼쪽에 있는 수만큼 커지므로 6층까지 쌓았을 때 1층의 왼쪽부터 세 번째 있는 쌓기나무에 써야 할 수는 6+6+6=18입니다.

답 6개, 18

	세부 내용	점수
풀이 과정	① 1층에는 6개가 필요하다고 한 경우	6
	② 1층에 써야 할 수들의 규칙을 설명한 경우	6
	③ 1층 왼쪽부터 세 번째에 있는 쌓기나무에 써야 할 수를 18이라고 한 경우	6
답	6개, 18이라고 쓴 경우	2
	총점	20

2

풀이 9부터 시계 반대 방향으로 3칸씩 움직인 곳의 수를 쓴 규칙입니다. 4에서 시계 반대 방향으로 3칸씩 차례로 움직이면 1, 8, 5이므로 ㉠=1, ㉡=8, ㉢=5입니다.

답 ㉠ : 1, ㉡ : 8, ㉢ : 5

제시된 풀이는 **모범답안**이므로
채점 기준표를 참고하여 채점하세요.

세부 내용		점수
풀이 과정	① 9부터 시계 반대 방향으로 3칸씩 움직인 곳의 수를 쓴 규칙을 설명한 경우	10
	② ㉠=1, ㉡=8, ㉢=5로 나타낸 경우	8
답	㉠ : 1, ㉡ : 8, ㉢ : 5라고 쓴 경우	2
	총점	20

❸

풀이 ㉠ 한국-중국-일본 뒤에 다시 한국-중국-일본 국기가 있으므로 한국-중국-일본 국기가 반복되는 규칙입니다. ㉡ 미국-캐나다-브라질 뒤에 다시 미국-캐나다-브라질 국기가 있으므로 미국-캐나다-브라질 국기가 반복되는 규칙입니다. ㉢ 나이지리아-케냐-이집트 뒤에 다시 나이지리아-케냐-이집트 국기가 있으므로 나이지리아-케냐-이집트 국기가 반복되는 규칙입니다. 따라서 바르게 설명한 것은 ㉠입니다.

답 ㉠

세부 내용		점수
풀이 과정	① 한국-중국-일본의 국기가 반복되는 규칙 나타낸 경우	5
	② 미국-캐나다-브라질의 국기가 반복되는 규칙 나타낸 경우	5
	③ 나이지리아-케냐-이집트의 국기가 반복되는 규칙 나타낸 경우	5
	④ ㉠이 바르게 설명하고 있음을 쓴 경우	3
답	㉠이라고 쓴 경우	2
	총점	20

24

❹

풀이 무늬를 마술 모자에 넣으면 파란색은 흰색이 되고 흰색은 파란색이 되는 규칙이 있습니다. 따라서 모양을 마술 모자에 넣으면 모양이 됩니다.

답

세부 내용		점수
풀이 과정	① 색을 서로 바꾸는 규칙을 설명한 경우	8
	② 색을 바꾸어 칠해서 ▨ 로 표현한 경우	10
답	▨ 로 색칠한 경우	2
	총점	20

나만의 문제 만들기 .... P. 101

문제 다음 그림을 노란색, 빨간색, 파란색을 이용하여 규칙을 정해 색칠하려고 합니다. 어떤 규칙으로 색칠할지 설명하고 색칠해 보세요.

세부 내용		점수
문제	① 그림을 이용한 경우	5
	② 노란색, 빨간색, 파란색을 이용한 색칠하기 문제를 만든 경우	5
	③ 규칙을 설명하는 문제를 만든 경우	5
	총점	15

이것이 THIS IS 시리즈다!

THIS IS GRAMMAR 시리즈

▷ 중·고등 내신에 꼭 등장하는 어법 포인트 분석 및 총정리

강남인강
강의교재

THIS IS READING 시리즈

▷ 다양한 소재의 지문으로 내신 및 수능 완벽 대비

강남인강
강의교재

THIS IS VOCABULARY 시리즈

▷ 주제별로 분류한 교육부 권장 어휘

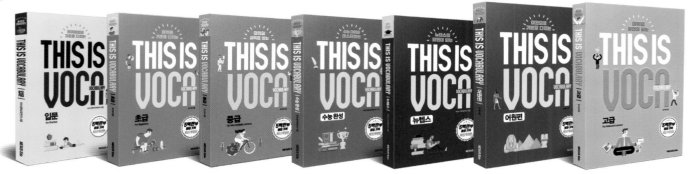

THIS IS 시리즈

무료 MP3 및 부가자료 다운로드
www.nexusbook.com
www.nexusEDU.kr

THIS IS GRAMMAR 시리즈
Starter 1~3   영어교육연구소 지음 | 205×265 | 144쪽 | 각 권 12,000원
초·중·고급 1·2   넥서스영어교육연구소 지음 | 205×265 | 250쪽 내외 | 각 권 12,000원

THIS IS READING 시리즈
Starter 1~3   김태연 지음 | 205×265 | 156쪽 | 각 권 12,000원
1·2·3·4   넥서스영어교육연구소 지음 | 205×265 | 192쪽 내외 | 각 권 10,000원

THIS IS VOCABULARY 시리즈
입문   넥서스영어교육연구소 지음 | 152×225 | 224쪽 | 10,000원
초·중·고급·어원편   권기하 지음 | 152×225 | 180×257 | 344쪽~444쪽 | 10,000원~12,000원
수능 완성   넥서스영어교육연구소 지음 | 152×225 | 280쪽 | 12,000원
뉴텝스   넥서스 TEPS연구소 지음 | 152×225 | 452쪽 | 13,800원

넥서스에듀 홈페이지에서 제공하는 '스페셜 유형'과 '추가 문제'들로
내용을 보충하고 배운 것을 복습할 수 있습니다.

동영상 강의
무료 제공

www.nexusEDU.kr/math

넥서스에듀 홈페이지에서 제공하는 '스페셜 유형'과 '추가 문제'들로
내용을 보충하고 배운 것을 복습할 수 있습니다.

💡 생각대로 술술 풀리는
#교과연계 #창의수학 #사고력수학 #스토리텔링

한 권으로 서술형 끝

STEP 1

대표 문제
맛보기

STEP 2

따라
풀어보기

STEP 3

스스로
풀어보기

초등수학 서술형,
창의력+사고력의 시작
한 권으로 서술형 끝

STEP 4

실력 다지기

Final
Check!

STEP 5

나만의 문제
만들기

단계별
채점기준표로
서술형 끝!

www.nexusEDU.kr/math

넥서스에듀 홈페이지에서 동영상 강의를 볼 수 있고,
추가 문제들을 다운받아 사용할 수 있습니다.

값 11,200원

64410

9 791161 658735

ISBN 979-11-6165-873-5
ISBN 979-11-6165-869-8(세트)

KC마크는 이 제품이
공통안전기준에 적합
하였음을 의미합니다.

⚠ 주의

종이에 손을 베이지
않도록 주의하세요.

새 교육과정 반영

💡 생각대로 술술 풀리는
#교과연계 #창의수학 #사고력수학 #스토리텔링

초등수학

한 권으로 서술형 끝

나소은 · 넥서스수학교육연구소 지음

www.nexusEDU.kr/math

동영상 강의
무료 제공

창의력+사고력
UP!

9

초등수학
5-1 과정

넥서스에듀